Konrad Balzer

Wetterfrösche und Computer

*Möglichkeiten und Grenzen
der Wettervorhersage*

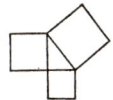

Verlag Harri Deutsch

CIP-Titelaufnahme der Deutschen Bibliothek
Balzer, Konrad:
Wetterfrösche und Computer : Möglichkeiten und Grenzen der
Wettervorhersage / Konrad Balzer. – Frankfurt (Main) :
Deutsch, 1989
 ISBN 3-8171-1098-7

ISBN 3-8171-1098-7
1. Auflage 1989
Alle Rechte vorbehalten
© Urania-Verlag Leipzig/Jena/Berlin,
Verlag für populärwissenschaftliche Literatur, Leipzig 1989
Lizenzausgabe für den Verlag Harri Deutsch, Frankfurt am Main, Thun
Printed in the German Democratic Republic

Inhalt

Prolog oder Warum Sie dieses Buch interessieren könnte 5

1. KAPITEL
Vom langen Weg der Erkenntnis 8
Besonderheiten der Wettervorhersage 8
Die zwei Geburtsfehler 12
Weitere Eigentümlichkeiten 16
Die Vorgeschichte 18
Die empirische Ära 23
Die Ära der mathematischen Modelle 39

2. KAPITEL
Das Unberechenbare 46
Unabwendbares 46
Möglichkeit 47
Kausalität 49
Gesetz 49
Dialektik 50
Wahrscheinlichkeit 52
Gewißheit 54
Turbulenz 59
Das Bénard-Experiment 61
Instabilität 64
Nichtlinearität 68
Deterministisches Chaos 72
Ein Lorenz-Experiment 75

3. KAPITEL
Wettervorhersage – Praxis, Prinzipien und Probleme 80

Kurzer Rückblick 80
Erst Diagnose – dann Prognose 82
Der Durchbruch 86
Grundprinzipien der atmosphärischen Zirkulation 88
Verschiedene Maßstäbe 89
Die Modellierung der Atmosphäre 93
Weitere Fehlerquellen 96
Die Wettersatelliten werden unentbehrlich 99
Das ECMWF-Modell näher betrachtet 101
Läßt sich die Güte der Vorhersage vorhersagen? 106
Mensch-Maschine-Kombination: das Optimum 113
Wie steht es um die Langfristvorhersage? 119

4. KAPITEL
Über die Güte der Wettervorhersage 125

Wozu Prognosenprüfung? 125
Interessen contra Objektivität 126
Fußballtoto – wer tippt besser? 128
Nur Zufall oder auch eigene Leistung? 130
Selbstkritik von Anfang an 131
Dr. Köppens neue Methode 133
Die ominösen 85 % 135
Auf dem Schießstand: Treffer und Distanz 136
Die Geister scheiden sich 138
Zahlen statt Worte – die Wende 139
Die Vielfalt in den Aussagen bleibt 141
Maßzahlen der Güte 142
Wahrscheinlichkeiten sind genauer 145
Wahrscheinlichkeiten helfen entscheiden 148
Zwei Strategien 149

Epilog oder Was am Ende zählt 152

Literatur 160

Prolog oder Warum Sie dieses Buch interessieren könnte

Der Mensch aus sorgenvoller Neugier gibt was drum,
zu wissen, was in Zukunft er erwarten kann.
Doch wünscht er wirklich, alle Einzelheiten zu erfahren?
Nur willenloses Rad zu sein im übermächt'gen Weltgetriebe?
Zuweilen innehalten möcht' er schon in diesem Streben,
weil ohne Freiheit ihm sein Leben wertlos dünkt.

Die gütige Natur, von dem ein Teil zu sein er allzu oft vergißt,
kommt ihm durchaus entgegen
und offenbart ihm nur, was notwendig geschehen muß.
Denn, ach, dem Chaos selbst vor langer Zeit entsprungen,
verhüllt auf ewig sie ein Schleier,
den Turbulenz und Zufall wir heut' nennen.

Die Faszination und Problematik des Vorher-wissen-Wollens – nicht des Nachher-erklären-Könnens! – entspringt in der Tat einem doppelten Widerspruch, einer zweifachen Polarität.

Auf der einen Seite, dem Menschen gegenüber und doch mit ihm ein Ganzes: die Natur, die uns umgebende Wirklichkeit. Notwendigkeit *und* Zufall, Ordnung *und* Chaos bestimmen das Gesetz ihrer Entwicklung.

Auf der anderen Seite: der Mensch mit seinem Willen, seinen Ängsten und Sehnsüchten. Zwar wird er von einem ruhelosen Verlangen getrieben, die Kräfte der Natur rings um sich her zu enthüllen, auf daß er »erkenne, was die Welt im Innersten zusammenhält«, »wie alles sich zum Ganzen webt, eins in dem andern wirkt und lebt«! Die Vorstellung aber, eines Tages vielleicht *alles* im voraus zu wissen und demzufolge nur ohnmächtig abzuwarten, daß ›es‹ mit ihm geschieht, macht ihn schaudern. Sicher dachte Goethes Faust auch daran, wenn er, sich des Dialogs mit dem Erdgeist erinnernd, fragt:

»Ich fühlte mich so klein, so groß;
Du stießest grausam mich zurück ins ungewisse Menschenlos.
Wer lehret mich? Was soll ich meiden?
Soll ich gehorchen jenem Drang?
Ach! unsre Taten selbst, so gut als unsre Leiden,
sie hemmen unsres Lebens Gang.«

Goethes Ottilie bringt es in den »Wahlverwandtschaften« auf einen Nenner: »Es darf sich einer nur für frei erklären, so fühlt er sich den Augenblick als bedingt. Wagt er es, sich für bedingt zu erklären, so fühlt er sich frei.«

Mehr als zwei Jahrtausende wissenschaftlichen Denkens zeigten uns, daß wir der Wahrheit um so näher waren, je besser wir verstanden, Gegensätzliches als Einheit zu bedenken. Sie zu zerstükkeln, d. h., entweder nur die Notwendigkeit ohne die geringste Unsicherheit anzuerkennen oder nur die zufällige Willkür ohne die geringste erkennbare Ordnung zuzulassen, bedeutete immer, nur Teilaspekte der Natur zu erklären und ihre Teile für's Ganze zu halten. Offenbar fällt es uns sehr schwer, die Einheit von Gegensätzlichem als das Normale anzusehen, und deswegen besteht die Wissenschaftsgeschichte ganz überwiegend aus Zeitepochen, wo der eine oder andere Aspekt dominierte bzw. – schlimmer! – einer der beiden sogar völlig negiert wurde.

Aber merkwürdig – in beiden Fällen läuft's für uns auf dasselbe hinaus: Fatalismus. Denn ob unsere Zukunft, inbegriffen Wetter und Klima, vom ehernen Lauf der Gestirne bestimmt wird oder vom unerforschlichen Ratschluß einer Gottheit abhängt – in einem bleibt es sich ziemlich gleich: Die Freiheit geht verloren und der Zufall wird bestenfalls – wenn überhaupt; denn »Gott würfelt nicht« (Albert Einstein) – nur als zeitweilige Entschuldigung für unser Noch-nicht-Wissen geduldet.

Wir werden später auch versuchen, klarzumachen, daß nur ein dialektisches Verständnis uns in den Stand setzt, das Wesen der Dinge immer besser zu erkennen, und das heißt: Notwendiges *und* Zufälliges erkennen, auseinanderhalten und beherrschen lernen.

Beginnen werden wir aber mit den Besonderheiten, die gerade dem Problem der Wettervorhersage eigentümlich sind, gefolgt von einem kurzen Abriß der Geschichte der wissenschaftlichen Wettervorhersage, aus der ersichtlich wird, um wieviel kleiner das wahre Können jeweils war, verglichen mit der drängenden Forderung des Tages und dem Optimismus vieler Meteorologengenerationen.

Aber gerade dies beides trieb die Entwicklung atemberaubend voran. Darüber vor allem wollen wir berichten und enden mit den Problemen und Informationen über die Nachprüfung (Verifikation) und bestmögliche Nutzung meteorologischer Aussagen.

Vom Leser wird dabei nicht jene Art »Wohlwollen« verlangt, die Hansgeorg Stengel (Vademecum, 1982) satirisch so umschrieb:

> Ein guter Mensch fragt einen Meteorologen nie:
> »Wie wird das Wetter morgen?« Nein.
> Er fragt versöhnlicher und netter:
> »Was hatten wir denn gestern so für Wetter?«

Der Autor wünscht eigentlich nur:

Der Autor wünscht eigentlich nur: Vergnügen am Mitdenken, Gerechtigkeit im Urteilen und Gewinn aus Wissen und Ent-Täuschung.

1. KAPITEL

Vom langen Weg der Erkenntnis

Im Nachhinein erliegen wir wohl allzu oft der Versuchung, das Werden einer Wissenschaft, die Stationen neuer Erkenntnisse als Teil eines geraden, planmäßig angelegten Weges zu begreifen.

Dem ist natürlich nicht so. Nur haben wir uns leider angewöhnt, dem Aufdecken von Irrwegen weniger Beachtung zu schenken als den Meilensteinen des hell erleuchteten Hauptweges. Wir wollen uns daher bemühen, an beides zu denken.

Neben der unstillbaren Neugier des Menschen nach Erkenntnis werden wir gewahr, daß das gesellschaftliche Bedürfnis nach Wetter- und Klimawissen im voraus die eigentliche Triebkraft der Meteorologie darstellt. Als Motor des Ganzen, bremsend oder beschleunigend, werden wir unzweifelhaft die Technik mit ihren entweder vorhandenen oder mangelnden Möglichkeiten erkennen.

Trotz vieler Parallelen zur Entwicklung anderer (Natur-)Wissenschaften zeichnet sich die Meteorologie aber auch durch einige Besonderheiten aus.

Besonderheiten der Wettervorhersage

Ein geradezu einzigartiges Zusammentreffen unterschiedlichster Besonderheiten bei der Wettervorhersage im Vergleich zu anderen Bemühungen, mit einiger Gewißheit in die Zukunft zu sehen, verleiht ihr eine weit über das normale Maß hinausgehende Aufmerksamkeit.

Im Grunde genommen wird unser ganzes öffentliches und privates Leben von den Annahmen über zukünftige Entwicklungen bestimmt. Um ihnen zu begegnen oder um sich darauf einzustellen, orientieren wir uns bei unserem Handeln in der Gegenwart an Leitlinien. Mit anderen Worten, wir stellen Voraussagen an, die nach einer dänischen Spruchweisheit immer dann problematisch sind, wenn sie sich auf die Zukunft beziehen. Wie oft dabei Voraussagen mißlingen, zeigen im Grunde alle unerwarteten Entwicklungen in Politik, Wirtschaft, Medizin, Militärwesen usw., aber auch die unerwünschten Reaktionen der natürlichen Umwelt auf die technischen Eingriffe des Menschen.

Nun haben wir aber das Phänomen, daß kaum eine Fehlvorhersage so hart kritisiert wird wie eine nichteingetroffene Wettervorhersage, und über keine vermeintlich falsche Prognose wird in der Öffentlichkeit so empört reagiert wie über die des Wetterdienstes. Und das, obwohl doch auch den Meteorologen die Weisheit »errare humanum est« zugute gehalten werden müßte und dem Mathematiker John von Neumann der Ausspruch zugeschrieben wird, die Meteorologie behandle das zweitkomplizierteste aller denkbaren Systeme. (Das komplizierteste sei wohl im menschlichen Verhalten zu sehen.)

Eine mögliche Erklärung des allgemeinen Ärgers über nur teilweise zutreffende Wetterprognosen ist, daß unter diesen alle direkt zu leiden haben, während die meisten anderen Fehleinschätzungen entweder nur einem begrenzten Personenkreis Anlaß zu Verdruß geben oder sich nur indirekt – und damit weniger durchschaubar – auf unser Leben auswirken. Es kommt hinzu, daß jeder etwas vom Wetter zu verstehen glaubt und daraus das Recht zur Kritik ableitet. Aber ist sie auch der Sache angemessen? Was sollte man wissen?

Da ist zunächst einmal die selbstverständlich anmutende, trotzdem aber höchst erstaunliche Tatsache, daß von keinem Vertreter irgendeiner anderen wissenschaftlichen Disziplin erwartet wird, Tag für Tag und rund um die Uhr ein komplettes Bild von der (meteorologischen) Zukunft zu entwerfen und es jedem, der es wissen will, verständlich darzulegen. Dieses Ansinnen, dieser Wunsch, ja diese Forderung begleiten die Meteorologie von Anfang an bis zum heutigen Tage.

Verständlichkeit und Vollständigkeit also sind gefragt, aber nicht so einfach zu erfüllen. Auch hier muß ein allgemeines Problem der Informationsübermittlung überwunden werden. Jeder Inhalt einer Nachricht, sei sie in Worten oder Zahlen ausgedrückt, wird ja um so mißverständlicher beim ›Empfänger‹ ankommen, je unvollständiger zwischen ihm und dem ›Sender‹ die Bedeutungen der ›Signale‹ vereinbart wurden bzw. gegenseitig akzeptiert werden. Deswegen bemühen sich auch die Wetterdienste, ihr Vokabular doch weitgehend aufeinander abzustimmen, es nicht ohne Not dauernd zu verändern und im übrigen dafür zu sorgen, daß die verwendeten Begriffe immer mal wieder erklärt werden. Aber vielleicht müßte da, auch mit Unterstützung der Medien, mehr getan werden, vor allem dann, wenn Neuartiges, wie zum Beispiel Aussagen in Wahrscheinlichkeitsform, angeboten wird.

Vor ein noch größeres Problem sieht sich aber der Meteorologe gestellt, indem er ständig einen – manchmal faulen – Kompromiß zwischen zwei gegensätzlichen Forderungen der Empfänger finden muß: Größte Detaillierung nach Ort, Zeit und meteorologischem Element auf der einen und noch überschaubarer Umfang der Information auf der anderen Seite. Die tägliche Wetterbesprechung in der Vorhersagezentrale im internen Kreis von Meteorologen, die nicht alle in der operativen Wettervorhersage tätig sein müssen, dauert gewöhnlich 15 bis 30 Minuten. Etwa 5 bis 10 Minuten davon gehen auf die Darlegung der ›Finalprognose‹, des zur Veröffentlichung vorgesehenen Textes. Er entspricht vielleicht zwei Schreibmaschinenseiten. Fünf bis zehn Zeilen davon nehmen gewöhnlich Rundfunk und Presse ab, und nicht selten wird der komprimierte Text redaktionell noch weiter gekürzt, in Ausnahmefällen sogar verändert. Dies alles sollte man beim Hören und Lesen allgemeiner Wetterberichte bedenken, Dinge also, die *nichts* mit der eigentlichen Vorhersageproblematik zu tun haben, sondern sie zusätzlich erschweren.

Auf ungezählten Fachberatungen, ja selbst internationalen Meteorologenkonferenzen ging es immer wieder auch um die Frage, ob sich die ›ausübende Witterungskunde‹ mit der Beobachtung und Messung des weltweiten Wetterzustandes, der Sammlung und Weitergabe dieser Informationen an bestimmte Interessenten bescheiden solle oder ob sie das Wagnis auf sich nehmen könne, zusätzlich auch noch eine Prognose der zukünftigen Wetterentwicklung zu versuchen.

Sturmwarnungen zum Beispiel spielten zu Beginn der wissenschaftlichen Ära der Wettervorhersage eine besonders wichtige Rolle. Der Wunsch nach ihnen führte ja vor rund 130 Jahren unmittelbar zur Gründung der ersten zentralen Wetterämter in der

Abb. 1 Öffentliche Nachfrage nach Wettervorhersagen im automatischen Wetterauskunftsdienst der Deutschen Post in Berlin (Hauptstadt der DDR). Oben: Mittlerer Jahresgang. Ca. 30 % größeres Interesse in den Monaten Juni und Juli, ca. 30 % geringere Nachfrage im Oktober/November.
Unten: Trend. Der Abfall zwischen 1956 und 1960 kann auf die zunehmende Anzahl der Fernsehgeräte zurückzuführen sein. Die Ursachen des Anstiegs ab 1979 sind noch unklar (Größere Sensibilisierung der Öffentlichkeit gegenüber Wetter und Umwelt? Gestiegene Prognosengüte?).

Abweichung vom Mittelwert (%)
+40
+20
0
−20
−40
Jan.
März
Mai
Juli
Sept.
Nov.
Jan.
Mittel-
wert

Millionen Auskünfte je Jahr
4
3
2
1
1954
'58
'62
'66
'70
'74
'78
'82
'86

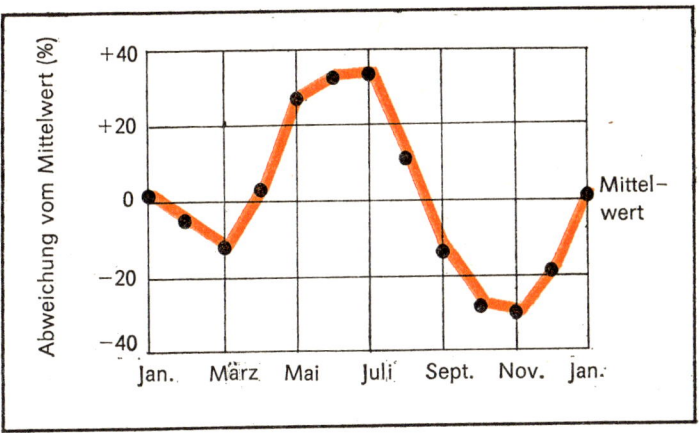

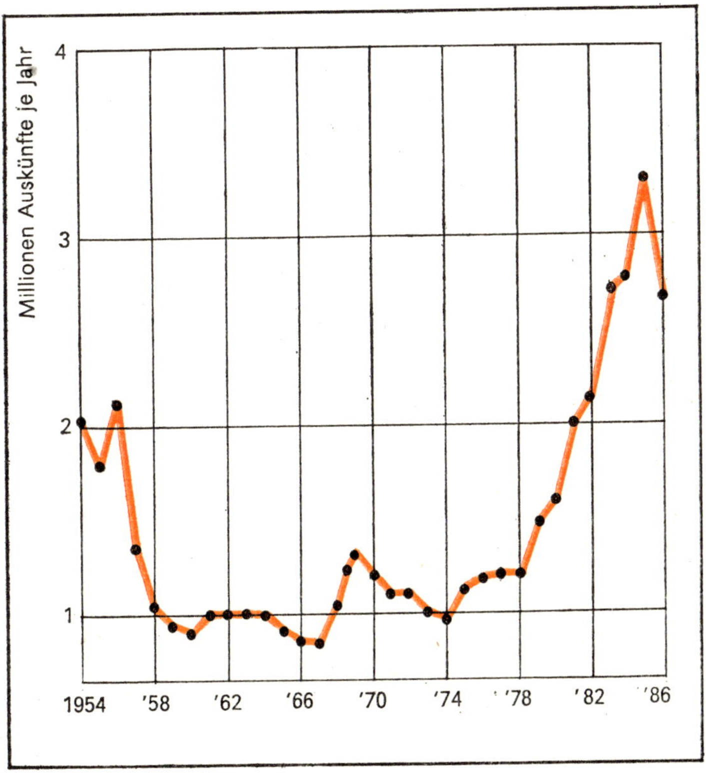

Welt, und die Herausgabe von Sturmwarnungen blieb denn auch lange Zeit die Hauptaufgabe der modernen praktischen Meteorologie.

Die zwei Geburtsfehler

Schon in diesen allerersten Jahren zeigten sich zwei Geburtsfehler, die der Wettervorhersage bis zum heutigen Tage anhängen und zur ständigen Quelle so manchen Mißverständnisses, mancher Unzufriedenheit und Kritik geraten.

Zum einen wurden die Meteorologen unablässig bedrängt, Prognosen auch über solche meteorologischen Erscheinungen abzugeben, von denen sie gar keine oder entschieden zu spärliche Kenntnis hatten, sei es aus Mangel an aktuellen Beobachtungsdaten, sei es wegen der Unvollkommenheit ihres Wissens über die Gesetzmäßigkeiten meteorologischer Vorgänge. Früher wurden in den westeuropäischen Küstenländern Sturmwarnungen verlangt – und auch ausgegeben! –, ohne Wettermeldungen vom Atlantik zu besitzen. Heute wird danach gerufen, mathematisch-physikalische Hurrikanprognosemodelle operativ zu betreiben, ohne daß die Wetterdienste über ausreichende, engmaschige, d. h. räumlich dichte Anfangsinformation über das dreidimensionale Temperatur-, Feuchte-, Luftdruck- und Windfeld der Atmosphäre zu jedem beliebigen Zeitpunkt verfügen. Und bei den langfristigen Wetter- und Klimaprognosen fehlt es noch so gut wie an allem: an geeigneter Rechentechnik, an einer hinreichend zutreffenden Theorie und an ausreichenden Beobachtungsdaten nicht nur über die Atmosphäre selbst, sondern vor allem aus dem Grenzbereich Luft–Erde–Wasser, also zum Beispiel Angaben über die Schnee- und Eisbedeckung, die Temperatur der Meeresoberfläche und den Feuchtegehalt des Erdbodens.

Trotz aller erst nach und nach überwindbaren Unzulänglichkeiten wurde also von den Meteorologen oft das Unmögliche verlangt, ohne zu bedenken, daß guter Wille allein das fehlende Wissen nicht ersetzen kann. Leider besaß die Meteorologie nicht immer die nötige Stärke und Festigkeit, um diesen Forderungen angemessen zu begegnen. Zu oft wurde dem Drängen nachgegeben, obwohl man hätte wissen müssen, daß ein überdurchschnittliches Ausmaß ›selbstverständlicher‹ Fehlprognosen das ganze Ansinnen am Ende ad absurdum führt, sich Unsicherheit und Enttäuschung einstellen und das vermeintliche Entgegenkommen der Meteorologen sie selbst schließlich wie ein Bumerang trifft. Auf der anderen Seite ist sicher auch richtig, daß ohne dieses ungestüme Drängen, bei geringerer Herausforderung, die Entwicklung der Wissenschaft langsamer verliefe. Dieser gerade die praktische Meteorologie seit Anbeginn begleitende Konflikt, zwischen gesellschaftlicher Nachfrage und wissenschaftlich möglichem Angebot immer wieder einen tragfähigen Kompromiß zu finden, gehört mit zu den schwierigsten, wenn auch kaum bekannten Problemen, vor die sich die Meteorologie gestellt sieht.

Der andere Geburtsfehler hängt mit dem Unvermögen zusammen, Sicherheit und Wahrscheinlichkeit zu unterscheiden, Sicheres und Mögliches auseinanderzuhalten. Kürzlich hörte ich einen Demographen, einen Bevölkerungswissenschaftler, sagen: »Wir vermeiden bei unseren Aussagen über die voraussichtliche Entwicklung der Bevölkerung das Wort ›Prognose‹ – das ist etwas, was eintreten soll – und verwenden lieber den Begriff der ›Projektion‹«. Das heißt, ihm erschien eine Prognose als viel zu sicher und verbindlich. Bei dem nur ihm, dem Fachmann, bekannten Ausmaß von Unwägbarem und unsicheren Annahmen für die Zukunft glaubte er, nur einen wesentlich unverbindlicheren Entwurf, eben eine Projektion, verantworten zu können.

Es wird müßig sein, die Anfänge dieses Mißverständnisses aufzuhellen. Waren es die Meteorologen selbst, die der Versuchung erlagen, Ungewisses für Gewißheit auszugeben? Oder wird der Mensch in seinem unstillbaren Bedürfnis nach Sicherheit nur allzu oft dazu verleitet, ihn interessierende (!) Zukunftsprojektionen, von wem auch immer herausgegeben (Orakelsprüche, Prophetien, Weissagungen, wissenschaftliche Vorhersagen), zu glauben, für sicherer zu halten, als sie gemeint sind, beseelt von dem Wunsch, seine unausweichlichen Entscheidungen auf sicherem Grunde stehen zu sehen? Oder fand die Wettervorhersage vielleicht nicht die rechten Formen und Begriffe, um den ständig wechselnden Grad der Ungewißheit künftigen Wetters mitzuteilen? Wann jemals las denn der Zeitungsleser, hörte der Radiohörer, sah der Fernsehende, daß der kurze, mehr oder weniger prägnante Text der Wettervorhersage nur *eine* von vielen anderen Visionen der meteorologischen Zukunft beschreibt? Oft drei oder vier, manchmal stark voneinander abweichende Möglichkeiten der zu erwartenden Wetterentwicklung wurden zuvor im Meteorologenkreis diskutiert, verworfen, bevor am Ende die den Fachleuten wahrscheinlichste Version das Licht der Öffentlichkeit erblickt – nicht selten nur ein Kompromiß zwischen zwei entgegengesetzten Meinungen!

Auf der anderen Seite macht sich kaum einer so richtig klar, daß die Abschätzung einer möglichen Zukunft vom Wesen her

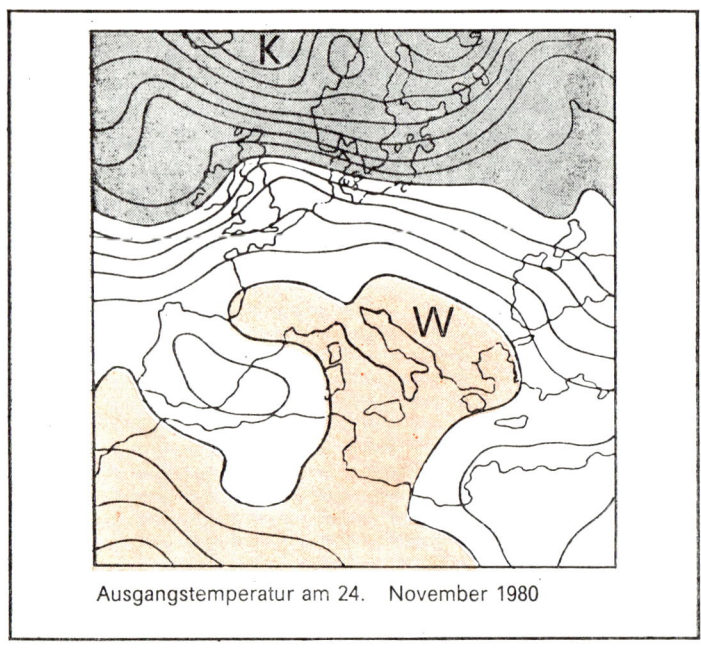

Ausgangstemperatur am 24. November 1980

Abb. 2 Was noch 1970 eine Utopie war, ist 10 Jahre später bereits meteorologische Prognosenroutine!
6-Tage-Vorhersage der Temperatur über Europa nach dem schweren Erdbeben in Italien. Der befürchtete Kaltlufteinbruch nach Süd- und Westeuropa trat in voller Stärke ein.

nicht zu vergleichen ist mit der Beschreibung der realen Gegenwart oder Vergangenheit, obwohl dies schon oft genug mit großen Schwierigkeiten verbunden sein kann. Vergangenes aber ist unwiderruflich, unabänderlich – der Ablauf von halbwegs komplexen Prozessen der künftigen Entwicklung in Natur und Gesellschaft jedoch ist mitnichten in allen Details festgelegt und vorhersehbar, oft, wenn auch nur vorübergehend, bleibt uns sogar die große Linie der Weiterentwicklung verborgen.

Mit anderen Worten: Solange beim Empfänger von Prognosen der Eindruck erweckt oder aufrechterhalten wird, Vorhersagen seien so etwas wie kategorische Vorwegnahmen der Zukunft, und solange in die Vorhersagen, bewußt oder unbewußt, eine zweifelsfreie Sicherheit hineininterpretiert wird, die nicht in der Absicht der Meteorologen liegt, solange wird es vermeidbare Mißver-

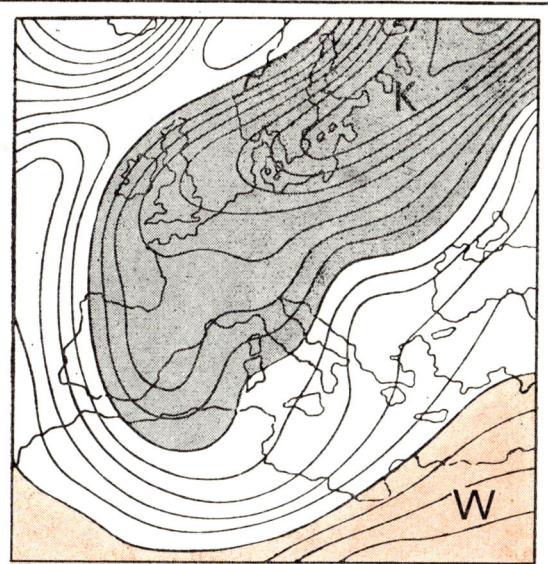
Vorhergesagte Temperatur für den 30. November 1980

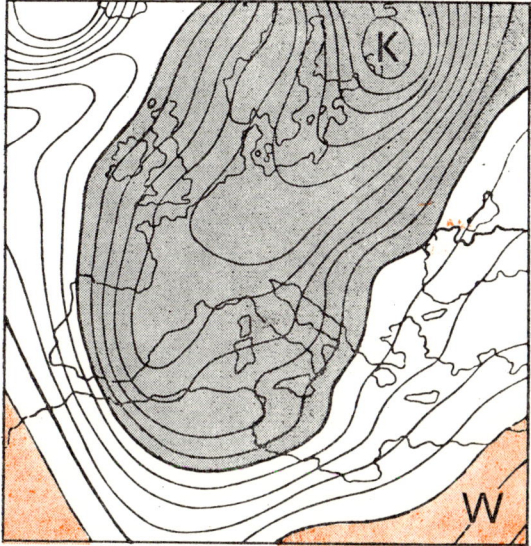
Wirkliche Temperatur am 30. November 1980

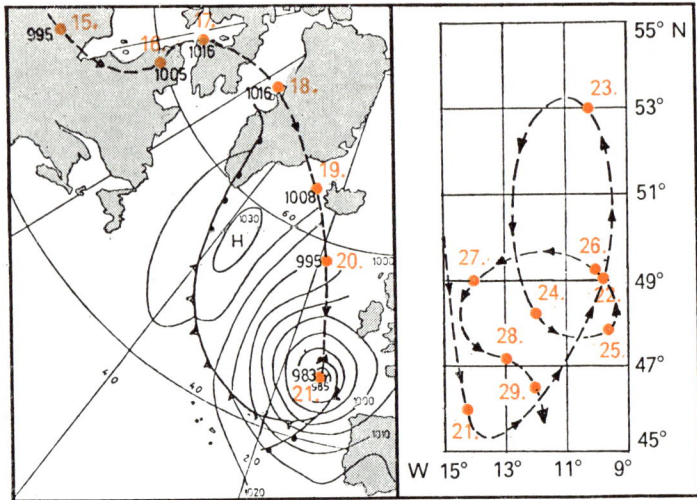

Abb. 3 Die ungewöhnliche Bahn des am 21. April westlich der Biskaya angelangten Sturmtiefs. Positionen und Drucke des Zentrums vom 15.–21. April 06 Uhr UTC. Dazu ostatlantische Wetterlage am 21. 4. 1983 um 06 Uhr UTC. Rechts die »Sterbeschleife« des Sturmtiefs vom 21.–29. April 1983. Positionen des Tiefzentrums um 06 Uhr UTC.

ständnisse und manchmal sogar überflüsige Konfrontationen geben, die eine faire und gerechte Bewertung der Prognosekunst erschweren und vor allem eine bestmögliche Nutzung der Wettervorhersage verhindern. Wegen dieses ungemein wichtigen, weil ausschlaggebenden Aspekts werden wir auf den zuletzt angesprochenen Nebengedanken am Ende des 4. Kapitels noch einmal zurückkommen.

Weitere Eigentümlichkeiten

Wir sprachen anfangs vom einzigartigen Zusammentreffen unterschiedlicher Besonderheiten bei der Wettervorhersage. Einiges wurde genannt. Weiteres kommt hinzu. Zum Beispiel der Umstand, daß das Wetter nicht den Prognosen angepaßt werden kann, sowenig dies ja auch bei anderen geophysikalischen Prognosen, wie Vorhersagen von Erdbeben oder Vulkanausbrüchen, der Fall ist.

Aber sobald der Mensch als Objekt mit ins Spiel kommt, sei es in biologischen oder sozial-ökonomischen Systemen, besteht immer die Möglichkeit bis hin zur Versuchung, zum Versuch, die Prognosen zu mißbrauchen, d. h. die Entwicklung und das Verhalten solcher Systeme nach den prognostischen Vorstellungen einer Theorie zu formen.

Auch die sich selbst widerlegenden Prognosen, d. h. Hinweise auf mögliche Gefahren, auf meist unerwünschte und deshalb zu korrigierende Entwicklungen, kommen bei Wettervorhersagen nicht vor, wenngleich – aber das ist erst ein Charakteristikum der allerneuesten Zeit – einige der manchmal vorschnell gegebenen Prognosen über globale Klimaänderungen offenbar auch diese ›erzieherischen‹ Zwecke verfolgen mögen.

Aber gerade das Beispiel der Klimavorhersage mit Prognosezeiten von, sagen wir, mehr als einem Jahrhundert lenkt unsere Aufmerksamkeit auf eine andere, eher psychologisch interessante Besonderheit. Langfristige Klimaprognosen umfassen eine solch große Zeitspanne, daß sie zumeist dem Vergessen anheimfallen, noch ehe ihre Falschheit oder Richtigkeit ans Licht kommt. Andererseits ist es sehr wohl möglich, daß in solchen Spezialfällen erschwerter Verifikation, d. h. der erschwerten Anwendung von Verfahren, die den Wahrheitsgehalt von Aussagen feststellen, manche unausgegorene Theorie, ja sogar Scharlatanerie länger als verdient überlebt. Wie ein Alptraum muß es daher dem Meteorologen erscheinen, sich vorzustellen, daß der blinde Zufall einem sich offensichtlich unwissenschaftlicher Methoden bedienenden Wetterpropheten zwei oder gar drei Winter hintereinander einen unverdienten Erfolg zuschanzt. Wer nicht weiß, zu welchen Kapriolen der Zufall imstande ist und wie schwierig es manchmal sein kann, diese als reines Spiel des Zufalls und als nichts anderes zu entlarven, wer das alles nicht weiß oder – schlimmer – einfach nicht wahrhaben will, wird jenem Wahrsager mehr Glauben schenken als der Wissenschaft. Für einige Zeit zumindest. Andererseits wird es natürlich vieler Jahre bedürfen, um die praktische Anwendbarkeit einer wissenschaftlichen Methode für Langfrist- und Klimaprognosen einwandfrei und überzeugend nachzuweisen, jedenfalls für bestimmte, gerade interessierende Gebiete der Erde. Bisher blieb die Meteorologie diesen Nachweis schuldig. Es steht aber zu hoffen, daß sie ihn, beginnend im letzten Jahrzehnt dieses Jahrhunderts, einmal erbringen wird.

Wir aber wollen uns nun sechseinhalb Jahrhunderte zurückbegeben und die wichtigsten Etappen auf dem Wege zur Wettervorhersage nachvollziehen.

Die Vorgeschichte

Abergläubisches, spekulatives, vom Mythos geprägtes Denken über die Dinge beginnt sich in Wissenschaft zu wandeln von dem Moment an, wo systematisch gesammelt wird – anfangs Aufzeichnungen in Textform, später immer mehr: Zahlen – Daten – Fakten.

1337–44 Aus Oxford und Lincoln in England sind uns durch Reverend William Merle die frühesten systematischen lokalen Wetterbeobachtungen Europas erhalten geblieben.
1500 Leonardo da Vinci erfindet das Hygrometer zum Messen der Luftfeuchte und entwirft ein Anemometer zur besseren Bestimmung der Windgeschwindigkeit.
1513–20 Erste deutsche gedruckte Wetterchronik aus Nürnberg.
1555 Leonard Dygges schreibt ein Buch über (astrologisch ›begründete‹) Wettervorhersage: »Wie man das Wetter für immer voraussagen kann«.
1593 Galileo Galilei verwendet ein Thermoskop: Aus Veränderungen eines Luftvolumens wurde auf Änderungen der Temperatur geschlossen.
1611 Galilei oder/und der Arzt Santorio Sanctorius konstruieren das erste Flüssigkeitsthermometer (Weingeist).
1621–40 Erste längere Beobachtungsreihe von einem Ort in Deutschland durch Landgraf Hermann IV. von Hessen. Von 1640–50 wurde sie in Rotenburg/Fulda fortgesetzt. Beispiel vom 5. Juli 1640: »Vorhersage nach der astrologischen Konstellation: temperirt. Beobachtetes Wetter: Morgens sehr schön, überauß heiß, Südost. Mittags: heiß, donner, gar trübe, Wolckenbruch, Südost. Abends: warmer regen undt winde, gar trüb, Nordwest. Nachts: trüb warm mitt dunckelen sternen, Nordwest«.
Köstlich und anschaulich geschildert der Sommertag des 8. Juli 1641: »ein sehr schöner hell warmer Tag, zuweilen kleine Lüftlein, dabei sich gar einzelne weiß wolcklein erzeigt aber stracks wieder vergangen«.
1639 In Italien wird die Regenmenge gemessen, was mit Sicherheit einige Jahrhunderte früher bereits in China, Indien, Korea, Palästina und Chile der Fall war.
1643 Luftdruckversuche von Vincenzio Viviani und Evangelista Torricelli führen zur Erfindung des Barometers, mit dem von Anfang an – nicht zu Unrecht – große Hoffnungen verbunden waren, das Wetter erklären und vorhersagen zu können.
1653 Ferdinand II. von Toscana richtet das erste (primitive)

Beobachtungsnetz ein mit sieben Stationen in Norditalien und vier Stationen im Ausland.
1657 Die ersten brauchbaren Thermometer werden in Florenz hergestellt.
1664 Die Pariser Sternwarte beginnt mit seitdem nicht mehr unterbrochenen (!) Beobachtungen. Längste bekannte meteorologische Beobachtungsreihe.

Daß die Meteorologie ihre erste, eher unfreiwillige Heimat fast überall bei der Astronomie fand, erklärt Gustav Hellmann, ein bekannter deutscher Meteorologe, der sich vor allem um die meteorologische Historie verdient gemacht hat, im Jahre 1901 wie folgt: »Der große Reichtum früher meteorologischer Beobachtungen hat verschiedene Ursachen, vor allem das mächtige Aufblühen der Astrometeorologie ... Im Mittelalter, als die griechische und später arabische Astrologie in lateinischen Übersetzungen im Abendland zuerst bekannt wurde, gelangte dieses Wissensgebiet in allen Schichten der Bevölkerung zu hohem Ansehen, und man fing damals an, neben den astronomischen Ereignissen auch die Witterung auf ein ganzes Jahr voraus zu berechnen. Von da ab entwickelte sich die gewaltige Literatur der Praktiken und Prognostiken, die in der zweiten Hälfte des 16. Jahrhunderts ihren Höhepunkt erreichte.
Viele Praktikenschreiber, von denen manche als berufsmäßige Vertreter der Astrologie an den Universitäten wirklich gelehrte Männer waren, nahmen unwillkürlich Veranlassung, das Wetter, das sie alljährlich voraussagten, auch wirklich zu beobachten und ein regelmäßiges meteorologisches Tagebuch zu führen, zumeist in der Absicht, die von ihnen vertretenen astrometeorologischen Theorien zu stützen bzw. zu berichtigen. Sehr viele der erhaltenen Wetterjournale sind deshalb – häufig in Kalendern – auch so angelegt, daß man die prophezeite Witterung mit der wirklich beobachteten bequem vergleichen kann, wie sich die Beobachter auch oft bemühen, die sehr häufige Nichtübereinstimmung beider durch andere Ursachen zu erklären.«

1700 Kalenderreform in Deutschland. Auf den 18. Februar folgt der 1. März. Diese Verschiebung des Kalenders gegenüber der natürlichen Jahreszeit wurde bei den kalendergebundenen Bauernregeln, den sog. Lostagssprüchen, zumeist nicht berücksichtigt, so daß deren weiterhin ›nachweisbares Funktionieren‹ eigentlich nur der Willkür ihrer Überprüfung oder ihrer Belanglosigkeit zuzuschreiben ist. Es gibt allerdings gelegentliche Nachweise durch

Meteorologen – wer hätte denn ein größeres Interesse am Aufdecken verläßlicher Gesetzmäßigkeiten? –, daß mancher Zusammenhang klarer hervortritt, wenn man die Kalenderreform berücksichtigt. Von praktisch-prognostischem Wert indes ist keiner!
1780–92 Unter Kurfürst Karl Theodor von der Pfalz und Bayern und unter der Leitung seines Hofkaplans und Direktors des physikalischen Kabinetts, Johann Jacob Hemmer, organisiert die Pfälzer Meteorologische Gesellschaft in Mannheim ein aus 39 Stationen in 13 Ländern – vom Mittelmeer bis Grönland und von Nordamerika bis zum Ural – bestehendes internationales Beobachtungsprogramm. Nachdem man aus den schweren Mängeln früherer Unternehmungen gelernt hatte, übertrafen die verwendeten Instrumente die bisher gebrauchten an Genauigkeit und waren sorgfältig miteinander verglichen. Eine Beobachter-Instruktion mahnte dreimal täglich zur Termintreue: 7, 14 und 21 Uhr. Für die Niederschriften und Bezeichnungen der einzelnen meteorologischen Elemente gab es feste Normen und Symbole, die aber mindestens seit 1873 nicht mehr gelten.
Als »Ephemerides Societatis Meteorologicae Palatinae« in zwölf starken Quartbänden publiziert, sollten diese einmaligen Beobachtungsdaten noch Geschichte machen.
1781 Regelmäßige Luftdruckbeobachtungen und -vergleiche zeigten, daß der Luftdruck über größeren Gebieten recht regelmäßig steigt und fällt. Der Wiener Astronom Maximilian Hell vermutete eine allgemeine, periodisch wirkende Ursache, die auch dem gesamten Witterungswechsel zugrunde liegen müsse. Weiter fand man heraus, daß die ›barometrischen Minima‹ – die Gebiete tiefsten Luftdrucks – früher im Norden und Westen als im Süden und Osten auftraten. Was lag also näher, als in bekannten astronomischen Perioden von Sonne, Mond und Planeten die langgesuchten Ursachen und Ordnungsprinzipien zu finden. Andererseits konnte man die nicht so recht ins Konzept passenden unregelmäßigen Luftdruckschwankungen nicht einfach übersehen. Die Frage erforderte eine baldige Klärung. Die Ausrufung einer Preisaufgabe durch die Akademie der Wissenschaften sollte die Forscher stimulieren und eine schnellere Lösung finden helfen.

Vier Fragen wurden gestellt: Liegen zufällige oder periodische Ursachen vor? Wenn letztere, was ist die Ursache? Sind die Himmelskörper, insbesondere Mond und Sonne, im Spiel? Ist eine Luftdruckvorhersage mit derselben Sicherheit möglich, wie Sonnen- und Mondfinsternisse sowie Ebbe und Flut bestimmt werden?

Die Zumeldungen, alle mit gründlichen ›Beweisen‹ ausgestattet, widersprachen sich derart, daß sich die Akademie nicht imstande

Abb. 4 Flug des Ballons der Gebrüder Montgolfier mit den Piloten Pilâtre de Rozier und F. d'Arlandes am 21. November 1783

sah, einen ersten Preis zu vergeben. Trotzdem gingen eine erste und zweite Medaille an Astrologen, die schlicht behaupteten, die tägliche Witterung, folglich auch das Barometer hingen einzig und allein vom Planetensystem und von den durch die Planeten ausgelösten ›atmosphärischen Gezeiten‹ ab. Wer also ihren astrometeorologischen Aspektenkalender erwerbe, könne zuverlässige Wettervorhersagen für jeden Ort und auf lange Zeit im voraus gewinnen. Für die unregelmäßigen Barometerschwankungen mußten die (damals) in keine Regel passenden Himmelsvagabunden, die Kometen, herhalten. Ja, allen Ernstes stellte man, in sophistischer Umkehrung der Frage, in Aussicht, »daß das Barometer nicht nur allein ein Wetteranzeiger, sondern mit der Zeit wohl gar ein Kometenzeiger werden dürfte«.

Der Gewinner der dritten Medaille, der Physiker Joseph Stark, kam der Wahrheit insofern am nächsten, als er die dritte Frage der Preisaufgabe mit einem klaren Nein beantwortete.

1781 Auf dem Hohen Peißenberg begründet die Pfälzer Meteorologische Gesellschaft ein Bergobservatorium, was zu erwähnen aus zwei Gründen lohnt. Erstens stellt diese Station die einzige des berühmten, vorhin erwähnten internationalen Meßnetzes dar, die ihre Beobachtungen fast lückenlos bis auf den heutigen Tag fortsetzte, und zweitens zeugt ihre Gründung von einer Idee, durch Meßdaten aus der dritten Dimension, aus höheren Luftschichten also, die Wettervorgänge besser begreifen zu können; eine Vermutung, mit deren Verwirklichung seitdem wachsende Hoffnungen verknüpft waren. Mit dem weltumspannenden System meteorologischer Satelliten fand dieses Streben seinen bisherigen Höhepunkt.

1783 Die Brüder Jaques-Étienne und Joseph-Michel Montgolfier erfinden den Luftballon. Was bei Sputnik 2 die Hündin Laika war, waren den Franzosen bei ihrem ersten Start Esel, Hahn und Ente. Seitdem wurde immer daran gedacht und gearbeitet, mit Hilfe bemannter oder unbemannter Ballone Informationen aus der Atmosphäre zu erhalten, die uns am Erdboden versagt sind.

1792–94 Der Franzose Claude Chappe erfindet den optischen Telegraphen. Auch hier sahen vorausschauende Männer sofort ungeahnte Möglichkeiten der nutzbringenden Anwendung in der praktischen Meteorologie. Charles Romme, Deputierter der Constituante, wies ausdrücklich auf die Chance aktueller Sturmwarnungen für die Seefahrt hin; jedoch gingen diese zivilen Ideen in den Wirren der Französischen Revolution und den nachfolgenden militärischen Auseinandersetzungen unter.

Die empirische Ära

1816 Heinrich Wilhelm Brandes, Mathematikprofessor an der Breslauer Universität, kommt die epochemachende Idee, die meteorologischen Meßdaten *eines* Tages, aber von *mehreren* Orten in *eine* Karte einzutragen. Ihm stehen dank der seinerzeit veröffentlichten Wetterdaten der Pfälzer Meteorologischen Gesellschaft alle erreichbaren Angaben des Jahrgangs 1783 von 40 bis 50 Orten zwischen den Pyrenäen und dem Ural zur Verfügung. »Doch diese kühnen Gedanken werden sich so leicht nicht in der Wirklichkeit ausführen lassen«, meint er zu Anfang. Drei Jahre später: »Obgleich ich diesen Gegenstand noch immer ein Labyrinth nennen muß, so finde ich doch einige recht bedeutende Merkwürdigkeiten, die mir auf meinem dornigen Wege zu nicht geringer Aufmunterung dienen und die, wie ich glaube, hinreichend die Nützlichkeit meines Unternehmens beweisen werden.«

1820 erscheinen seine »Beiträge zur Witterungskunde«, die er auch vor der neugegründeten Schlesisch-Vaterländischen Gesellschaft bekanntmacht. Das wirklich Neue seiner Idee wird indes nicht so recht verstanden, auch wenn Goethes Wetterstudium, wie er im selben Jahr schrieb, »eine frische Aufmunterung genoß«. »Hier zeigt sich«, fährt er fort, »wie ein Mann, die Einzelheiten ins Ganze verarbeitend, auch das Isolierteste zu nutzen weiß.«

Sachsen-Weimars Großherzog Carl August, den, wie Goethe, zunehmend meteorologische Fragen interessieren –

der Großherzog am 26. 8. 1821 an Goethe: »In der Meteorologie müssen ganz andere Ansichten gefaßt werden. Mehr oder weniger sind die Ursachen in tellurischen Verhältnissen zu suchen; in der Atmosphäre oder im Himmel gewiß am wenigsten. Gott lasse mich einige Klarheit in dieser verworrenen Wissenschaft noch erleben!« –

Carl August also veranlaßt im gleichen Jahr mehrere wissenschaftliche Institute seines Landes zu regelmäßigen Wetterbeobachtungen, die, in monatlichen Tabellen zusammengestellt, in Zeitungen und Journalen veröffentlicht, aber auch auf dem Wege privater Korrespondenz verbreitet werden. Nicht zuletzt mit Brandes in Breslau bleibt man seit dem Erscheinen seiner »Beiträge« in Verbindung.

Fritz v. Stein, der Sohn Charlottens v. Stein, seit 1819 Präsident der Schlesisch-Vaterländischen Gesellschaft, der auch unser Brandes angehört, vermeldet unterm 8. 3. 1822 seinem ehemaligen Erzieher Goethe, daß Brandes die weimarischen meteorologischen Tabellen besser gefunden habe als die schlesischen und daß oben erwähnte Gesellschaft mit Vergnügen auf die weimarischen Vorschläge eingehe, die monatlichen Witterungsberichte gegenseitig auszutauschen.

Trotz aller Barometerkurven aber und immer genaueren Mittelwerten von meteorologischen Elementen verschiedenster Orte hängt Brandes nach wie vor dem ›kühnen Gedanken‹ nach, daß das Studium des räumlichen Nebeneinanders von unterschiedlichem Wetter seine Entstehungsbedingungen wohl eher zu erklären vermöchte als die Betrachtung des zeitlichen Nacheinanders an nur einem Ort. Und so arbeitet er weitere sechs Jahre an den ersten *synoptischen,* eine wahre ›Zusammenschau‹ ermöglichenden Wetterkarten und analysiert das tägliche europäische Wetter der Jahre 1783 bis 1795. Ab 1826 wirkt er als Professor für Physik an der Universität in Leipzig. Sechs Jahre später stirbt er 57jährig. Er war, wie wir noch sehen werden, seiner Zeit um 35 Jahre voraus, wenigstens in Europa.

In den USA entwarfen in den Jahren 1820 bis 1850 William C. Redfield und James Pollard Espy ähnliche Karten, aber auch hier stets nachträglich!

Worin lag nun eigentlich seine unverstandene Entdeckung? Sie beruhte auf einem grundsätzlich anderen Herangehen an die Auswertung der vorhandenen Beobachtungsdaten. Allen vor ihm kam nie der geringste Zweifel daran, daß die meteorologischen Gesetzmäßigkeiten nicht anders aufzudecken wären, als es den seit vielen Jahrhunderten so erfolgreichen Astronomen gleichzutun. Sie wußten, daß sie zum Auffinden astronomischer Gesetze zunächst und vor allem die genaue Position der Gestirne am Himmel benötigten. Eine Vielfalt zunächst unbekannter, später aber immer genauer erkannter Störungen beim Beobachten und Messen lieferte allerdings nur ungenaue Sternorte. Meistens wiesen allerdings die Meßfehler eine angenehme Eigenschaft auf, die der große Mathematiker Carl Friedrich Gauß eingehend untersuchte: Sie streuten mehr oder weniger zufällig um einen wahren Wert, dem man durch Mittelwertbildung um so näher kommen konnte, je mehr Meßdaten berücksichtigt wurden.

Folgerichtig glaubten auch die Meteorologen, der wahren Witterung eines Ortes dadurch auf die Spur zu kommen, daß sie an *einem* Ort über *lange* Zeit die Wetterelemente beobachten und anschließend mittlere Werte, der Temperatur zum Beispiel, berechnen. Die Abweichungen der Einzelwerte vom Mittelwert, der Differenz zum klimatologischen Normal- oder Erwartungswert, wie man später dazu sagte, wurden zunächst ganz selbstverständlich als meistens unregelmäßig in Erscheinung tretende ›Störungen‹ begriffen. Als man dann um Erklärungen dieser Anomalien nicht mehr herumkam, suchte man sie vorwiegend in lokalen Einflüssen des Beobachtungsortes. Außerdem war man schnell geneigt, die ›Störungsursachen des thermischen Gleichgewichts‹ außerhalb der Erde zu suchen und sie insbesondere dem Einfluß des Mondes zuzuschreiben.

Ludwig Friedrich Kämtz (s. 1831) warnt vor dem Verlassen der meteorologischen Hauptaufgabe, nämlich dem Aufdecken immer genauerer Mittelwerte: »Außer in dem Mangel guter Beobachtungen scheint in der Art, wie diese Beobachtungen bearbeitet sind und häufig bearbeitet werden, ein anderer Grund für die geringen Fortschritte der Meteorologie zu liegen. Es würde der Zustand dieser Wissenschaft bei weitem vollkommener sein, wenn man bei Herleitung der Gesetze das Verfahren der Astronomen befolgt hätte. Während diese zuerst den Lauf eines Himmelskörpers im allgemeinen berechnen, ohne auf die Störung durch die benachbarten Planeten Rücksicht zu nehmen, suchen die Meteorologen zuerst einzelne Erscheinungen, Perturbationen gleichsam im Laufe der Witterung, an einem Orte zu erklären, . . .«

Das allgemeine Credo der führenden Physiker und Meteorologen jener Zeit faßte er – 1832, einen Tag nach Goethes Tod – wie folgt zusammen: »Suchen wir ein Gesetz nicht blos qualitativ, sondern auch quantitativ zu begründen, so schwanken alle unsere Bestimmungen um ein mittleres Resultat, welchem wir uns zwar immer mehr nähern, je größer die Zahl der Beobachtungen wird, das wir aber erst dann erreichen, wenn letztere unendlich groß ist. Selbst in der Astronomie, wo die Zahl der Messungen weit größer, die Beobachtungen weit schärfer sind als in der Meteorologie, sehen wir, daß jede folgende Beobachtung die ältern Resultate . . . etwas abändert. Hat eine Wissenschaft, wo wir mehrhundertjährige Beobachtungen besitzen, dieses Schicksal, so dürfen wir uns noch weniger wundern, wenn dieses bei einer Wissenschaft geschieht, wo gute Erfahrung kaum das Alter von einem halben Jahrhundert übersteigt.«

So engte allein schon die gewählte Untersuchungs*methode* das Denken und damit das Aufdecken der Wetterursachen ganz entscheidend ein. Einer der ersten Synoptiker des praktisch an der Deutschen Seewarte in Hamburg ausgeübten Wetterdienstes, Wilhelm Jakob van Bebber, sagte dazu etwa ein halbes Jahrhundert danach: »Die Mittel(werte) gleichen, so zu sagen, stummen Statuen, denen der frische Hauch des Lebens fehlt; sie geben mehr ideale atmosphärische Zustände an, die selten oder nie eintreten;

sie verwischen den continuirlichen Gang der Witterungserscheinungen, die mannigfachen, oft auf einander folgenden Übergänge derselben, die eben den anziehendsten und wichtigsten Teil unserer Studienobjecte ausmachen. Während also die Untersuchung der Mittelwerthe uns nur in beschränkter Weise zur Erkenntnis der Wahrheit führen kann, so ist die Betrachtung auch der Einzelerscheinungen durchaus nothwendig, um ... den ursächlichen Zusammenhang aufzufinden.«

Die Männer der ›ausübenden Witterungskunde‹, des Wetterdienstes also, hatten viele Generationen lang einen ziemlich schweren Stand bei den Traditionalisten, die jedoch durch neue praktische Forderungen des Tages als auch durch die Überzeugungskraft neuartiger Einsichten zunehmend gezwungen waren, so »manche durch Autorität sanctionierte Ansicht fallen zu lassen« (v. Bebber). August Schmauß, ein bekannter deutscher Meteorologe, gibt in der 5. Auflage seines trefflichen Buches »Das Problem der Wettervorhersage« (1945) ein schönes Beispiel: Als die Frachttransporte von Europa nach Südamerika noch per Segelschiff ausgeführt wurden, reichte die Kenntnis *mittlerer* Windverhältnisse aus, um wesentlich schneller und damit kostengünstiger segeln zu können als früher, wo solches Wissen nur von Teilgebieten des Seeweges bekannt war oder nur im Besitz der erfahrensten Kapitäne. Eine Abweichung von Tagen zwischen dem klimatologischen ›Normalfall‹ und der Wirklichkeit fiel kaum ins Gewicht. Jetzt aber, sagt Schmauß, sind *Stunden* ökonomisch interessant und damit auch die augenblickliche Wetterlage und ihre Entwicklung.

Rückblickend läßt sich sogar sagen, daß erst die Idee von Brandes geeignet war, das astronomische Vorbild in der Aufdeckung von Gesetzen erfolgreich auf das Studium atmosphärischer Bewegungen und Prozesse anzuwenden; denn Einblicke in die Mechanik und Kinematik der Wettersysteme lassen sich nur finden, wenn die Orte einzelner meteorologischer Objekte und deren Änderungen bekannt sind und verfolgt werden können. Als solche Objekte stellten sich ihm Gebiete wärmerer und kälterer Luft dar. Vor allem die Gegenden mit tiefem Barometerstand – die Tiefdruckgebiete – fielen Brandes sofort ins Auge, und die Ursachen der Barometerschwankungen konnten einfach nicht am selben Ort zu finden sein oder sogar auf lokalen Änderungen der Erdanziehungskraft beruhen, wie Goethe 1825 in seinem »Versuch einer Witterungslehre« fälschlich vermutet. Erst die synoptische Karte von Brandes ließ plötzlich erkennen, »daß es Ursachen gibt, die gleichsam über Europa von Ort zu Ort fortgehen ... Das Fortrücken der Gegend des tiefsten Barometerstandes scheint von vorzüglicher Wichtigkeit zu sein und auch deswegen eine besondere Aufmerksamkeit zu verdienen, weil es bei hinreichender Menge an gleichzeitigen Beobachtungen eben nicht schwer sein kann, hierüber eine Reihe von Erfahrungen zu erhalten, aus denen sich sichere Resultate müßten ziehen lassen, vorzüglich, wenn wir so glücklich wären, nicht blos aus ganz Europa, sondern auch von der nördlichen afrikanischen Küste, aus dem asiatischen Rußland, aus Island und selbst aus mehreren Gegenden von Nordamerika Beobachtungen zu erhalten.«

Ein Jahrhundertprogramm, wie sich noch herausstellen sollte!

1829 Allen Wetterforschern jener Zeit wird Goethe wohl aus dem Herzen gesprochen haben, als er am 4. März an seinen Berliner Freund Carl Friedrich Zelter schrieb: »Das Studium der Witterungslehre geht, wie so manches andere, nur auf Verzweiflung hinaus. Die ersten Zeilen des ›Faust‹ lassen sich auch hier vollkommen anwenden ... Hier wie überall verdrießt es die Leute, daß sie dasjenige nicht erlangen, was sie wünschen und hoffen, und da glauben sie gar nichts empfangen zu haben.«

1831/32 Das erste »Lehrbuch der Meteorologie« erscheint. Sein Autor: Ludwig Friedrich Kämtz, Professor für Physik an der Universität Halle. Er widmet sein Werk Alexander von Humboldt und Leopold von Buch, »den Begründern einer wissenschaftlichen, auf Erfahrung gegründeten Meteorologie«. Dieses Lehrbuch befaßt sich noch – wie könnte es anders sein – fast ausschließlich mit der Berechnung genauerer Mittelwerte und der Ableitung von damals offenbar sehr in Mode gekommenen Sinusschwingungen, mathematischen Ausdrücken also von einfachen, idealen Perioden, vor allem in Abhängigkeit von der Tages- und Jahreszeit sowie der geographischen Breite. Aus dem Brandes gewidmeten Teil seines Werkes hier nur ein interessantes Zitat, das uns in der Darlegung der geschichtlichen Entwicklung der Wettervorhersage voranbringt: »So viel ist gewiß, daß diese großen Oszillationen des Barometers mit Bewegungen der Atmosphäre verbunden sind, welche sich über einen großen Teil der Erde erstrecken, große Wellen durch den ganzen Luftocean ... Mangel an gleichzeitigen Beobachtungen in entfernten Gegenden der Erde verstattet uns nicht, dieses gegenseitige Verhalten der Witterung auf der ganzen Erde zu vergleichen ...«

1832 Am 21. Juli ergeht eine Kabinettsorder zum Aufbau der ersten deutschen Telegraphenlinie von Berlin nach Koblenz. Drei Jahre später ist auch die letzte der 61 Stationen fertiggestellt. Als Vorbild diente die französische Lichtsignallinie von 1794 zwischen

Abb. 5 Stationsgebäude der preußischen optischen Telegrafenlinie (1832)

Paris und Lille. Allen synoptisch denkenden Praktikern erschien die Lösung des Problems einer raschen und zuverlässigen Nachrichtenübermittlung als eine unabdingbare Voraussetzung zur Weiterentwicklung der Meteorologie. Denn damals wie heute gilt: Ohne ein weltweites meteorologisches Nachrichtensystem kein Wetterdienst – keine Wettervorhersage. Aber die Zeit war eben noch nicht gekommen, obwohl die optischen Telegrafenlinien durchaus als Einstieg in die Epoche des Datenaustausches unter ›Echtzeit‹-(›real-time‹-) Bedingungen hätten dienen können; doch auch in Preußen blockierten wichtigere Staats- und militärische Angelegenheiten diese interessanten Kanäle.

1837 Der Amerikaner Samuel Finley Breese Morse, Techniker und Kunstmaler, erfindet den elektromagnetischen Schreibtelegrafen. 1840 verbessert, wird er ab 1843 praktisch genutzt. Schon 3 Jahre später steht der erste elektromagnetische Staatstelegraf zwischen Berlin und Potsdam, der bis zum Jahre 1848 nach Köln weitergeführt wird. Der Betrieb der alten optischen Telegrafenlinie wird in Preußen per 15. Juni 1849 eingestellt.

1842 Carl Keil in Prag schlägt vor, den elektrischen Telegrafen für die Sammlung meteorologischer Beobachtungen als Basis einer Wettervorhersage zu nutzen.

1848 James Glaisher veröffentlicht in den ›Daily News‹ den ersten telegraphischen Wetterbericht.
1849 Joseph Henry vom Smithsonian-Institut organisiert ein Netz meteorologischer Beobachtungen, die täglich per Telegraph an ihn gemeldet werden. Zur selben Zeit tat dies auch George James Symons in England.
1850 In Washington erscheint die erste öffentlich verbreitete Wetterkarte, 1855 folgt in Frankreich die zweite.
1851 Um eine mögliche Nutzanwendung der modernen Telegraphie zu demonstrieren, werden auf der großen Londoner Weltausstellung Wetterkarten angeboten, die James Glaisher anhand telegraphischer Reports von 22 Stationen zeichnete. – Im selben Jahr wird zwischen Dover und Calais das erste telegraphische Unterseekabel verlegt. Die Vision eines Wetterdatenaustausches zwischen Inseln und Kontinent, ja sogar vielleicht zwischen den Kontinenten Europa und Amerika gewann erste Konturen.
1852 Christoph Heinrich Diedrich Buys-Ballot in den Niederlanden veröffentlicht täglich (!) europäische Wettermeldungen in einer Art Wetterkarte.

Man darf aber nun nicht annnehmen, daß mit Einsetzen dieser unerhörten wissenschaftlich-technischen Umwälzung das alte, fruchtlose Spekulieren keinerlei Anhänger mehr gefunden hätte. Überbleibsel selbst des 13. und 14. Jahrhunderts finden sich noch in jener Zeit.

In Berlin veröffentlicht im April 1852 ein gewisser Friedrich Adolph Schneider als »alleiniger Inhaber der Astrometeorologie« in den »Berliner Nachrichten« eine »Wetter-Vorausberechnung«, die es ja von anderer Seite nach wie vor noch nicht gab! Er schreibt: »Es gibt nicht 4 Elemente, auch nicht 61 einfache Stoffe, sondern nur ein unvergängliches, unauflösbares, aber bis ins Unendliche theilbares Element – die Finsternis. Gesteigerte Finsternis wird Kälte, gesteigerte Kälte wird Schwere. In der Finsternis wurzelt die Bindekraft, welche im Magnetismus in einer Zweiheit, als männliche und weibliche, auftritt ... Es gibt nur einen unvergänglichen und untheilbaren Geist, der das unvergängliche Element da umgiebt, wo es fast bis ins Unendliche getheilt ist – das Licht. Gesteigertes Licht, mit unzerstörbarem Elemente geschwängert, wird durch den dann eintretenden Kampf Wärme. Im Licht wurzelt die Fliehkraft ... Die Astrometeorologie wird allen Naturwissenschaften Hilfe bieten, um die Gesetze in genauen Zahlenverhältnissen aussprechen zu können, ist aber auch berechtigt, auf eine sinnvolle Astrologie hinzuweisen, die nach Vervollständigung der Naturwissenschaften durch die Astrometeorologie auferstehen muss.«

Es ist zu fürchten, daß es manche Einfältige gegeben haben wird, die solchen Blödsinn für sehr hohe Weisheit gehalten haben.

1853 Georg Adolf Ermann stellt bei Luftdruckbeobachtungen zum Zwecke der barometrischen Höhenmessung fest, daß die Windstärke mit der Neigung der Niveauflächen des Luftdrucks, mit dem horizontalen Luftdruckgefälle also, in Beziehung steht.

1853 Der amerikanische Oberst Shaffner plant eine telegraphische Verbindung zwischen Europa und Amerika über die Nordflanke: Schottland – Färöer – Island – Grönland – Quebec.

1853 Nachdem es fünf Jahre zuvor dem Direktor des Seefahrtobservatoriums der Vereinigten Staaten, Matthew Fontaine Maury, durch geschickte Ausnutzung neuester Klimadaten über die Windverhältnisse auf See gelang, nachzuweisen, daß die Reise von Baltimore nach Rio de Janeiro, für die man bisher 41 Tage gebraucht hatte, in 24 Tagen zu schaffen sei, geriet Bewegung in die Reihen der Seefahrer, denn für die zu den aufkommenden Dampfschiffen in Konkurrenz stehenden Segelschiffe wurde eine optimale ›klimatologische Navigation‹ zur Existenzfrage. Nur eine neuartige internationale Zusammenarbeit war in der Lage, diese Vorteile auszubauen und allen zugänglich zu machen. Die USA ergriffen daraufhin die Initiative und luden im August 1853 nach Brüssel zur ersten internationalen Konferenz ein, die sich mit meteorologischen Fragen, wie der äußerst wichtigen Vereinheitlichung der Wetterbeobachtungen auf See und der Beobachtungstagebücher, beschäftigte. Das erklärte Ziel der Teilnehmer – fast ausschließlich Schiffsoffiziere aus zehn seefahrenden Nationen – lag im Auffinden der schnellsten und sichersten Seewege. Dies war ein kühnes Unternehmen internationaler Kooperation, das lange Zeit seinesgleichen in der angewandten Naturwissenschaft suchte; und wie so oft vorher gehörten auch künftig die Seefahrt und die an ihr interessierten Nationen zu den größten Förderern der meteorologischen Wissenschaft.

Während Nordamerika, England und Holland sofort nach Abschluß dieser Konferenz an die Neuorganisation ihrer Wetterdienste gingen, nahm das Interesse daran offensichtlich um so mehr ab, je weiter vom Meer entfernt ein Land lag. Folgerichtig bedurfte es auch erst eines maritimen Ereignisses, eines militärischen obendrein, um die synoptische Meteorologie, diesmal aber entscheidend, voranzutreiben und in volkswirtschaftliche Überlegungen einzubeziehen.

1854 Am 14. November – mitten im Krimkrieg, den Rußland gegen die Türkei, England und Frankreich führte – bedrohte ein heftiger Sturm die Flotte der Verbündeten auf dem Schwarzen Meer während der Belagerung der Festung Sewastopol. Das Sturmtief brachte ein Schlachtschiff zum Sinken und zerstörte das militärische Lager von Balaklawa. Der Schock war gewaltig, und der französische Kaiser Napoleon III. ließ über seinen Kriegsminister den Astronomen und Direktor der Pariser Sternwarte, Urbain Leverrier, die Ursachen und Vorhersagbarkeit dieses katastrophalen Wetterereignisses untersuchen. Nach Auswertung von 250 Zuschriften aus ganz Europa und einer nach der synoptischen Methode angestellten Analyse der Witterung zwischen dem 12. und 16. November ergab sich denn auch, daß jener Sturm nicht urplötzlich über dem Schwarzen Meer entstanden war, sondern als Tiefdruckwirbel bereits Tage zuvor quer durch Europa von Nordwest nach Südost gezogen war und daß mit Hilfe aktueller (!) Wetterkarten und einer telegraphischen Verbindung zur Krim die von ihm heimgesuchte Flotte und Armee noch rechtzeitig von der bevorstehenden Gefahr hätten unterrichtet werden können.

Von dieser erstaunlichen Feststellung – denn wer hatte vor 35 Jahren schon die Arbeit von Brandes gelesen und verstanden? – setzte Leverrier am 19. 3. 1855 die Pariser Akademie der Wissenschaften in Kenntnis. Damit schlug die Geburtsstunde der ›ausübenden Witterungskunde‹, wie damals der Teil der Meteorologie genannt wurde, der fortan das Abenteuer Wettervorhersage zu bestehen hatte.

1856 Buys-Ballot, der spätere Leiter des Königlich Niederländischen Meteorologischen Instituts, entdeckte eines der wichtigsten Wettergesetze, nämlich die nach ihm benannte Beziehung zwischen Luftdruck und Wind, die er zunächst für Holland nachwies, deren Allgemeingültigkeit sich aber nach und nach herausstellte. Das nach ihm benannte barische Windgesetz formulierte er 1857 an die Akademie in Amsterdam wie folgt: »Der kommende Wind wird das Zentrum der Depression zur Linken haben, ungefähr unter einem Winkel von 90 Graden.« Eigenartigerweise faßt er das Gesetz prognostisch, was im allgemeinen so nicht zutrifft; vielleicht wollte er dadurch nur die Aufmerksamkeit erhöhen.

Ebenso fand er, daß die Windstärke von der horizontalen Luftdruckdifferenz abhängt, so daß einem größeren Druckunterschied ein stärkerer (geostrophischer) Wind entspricht. Die Einschränkung ›geostrophisch‹ meint einen viel später so genannten, fiktiven Wind, der sich bei geradlinigen Isobaren auf der rotierenden Erde nur aus dem Gleichgewicht zwischen der zum tiefen Luftdruck gerichteten Druckgradientkraft und der entgegengesetzt wirkenden Corioliskraft ergibt. Er weht parallel zu den Isobaren, den tiefen Luftdruck zur Linken; auf der Südhalbkugel bleibt der tiefe Druck, in der Bewegungsrichtung gesehen, rechts. Der wahre Wind verhält sich, außer vor allem in Erdbodennähe (Reibung!), größtenteils quasi-geostrophisch.

1856 William Ferrel untersucht die Wirkungen verschiedener physikalischer Kräfte bei der Wind- und Sturmentstehung und wendet als erster die strengen Methoden der mathematischen Analyse auf meteorologische Probleme an. Diese Arbeit wurde allerdings überhaupt nicht bekannt.

1859 Die erste fotografische Luftaufnahme durch den Pariser Fotografen Nadar, eigentlich G. F. Tournachon, steht am Beginn einer technischen Entwicklung, die darauf abzielt, mit optischen Mitteln einen höchst informativen Überblick über die Erde und das Wetter zu erhalten. Weitere Stationen: 1907 unternimmt der Dresdener Ingenieur Alfred Maul praktische Versuche, die sogar mit staatlichen Mitteln unterstützt wurden, eine Kamera mit einer Rakete aufsteigen zu lassen. 1931 gelingen Auguste Piccard aus seinem Stratosphärenballon die ersten Fotos, die allerdings völlig verschleiert sind. Erst im Jahr darauf verhilft ein strenges Rotfilter zu besseren Aufnahmen. Das erste erfolgreiche Raketenfoto von der Erde aus 160 km Höhe datiert vom 7. März 1947 ... Und heute flimmern Zeitrafferfilme meteorologischer Satelliten aus 36 000 km Höhe über die Fernsehgeräte von Hinz und Kunz!

1860 Buys-Ballot gibt im Juni *die ersten Windvorhersagen und Sturmwarnungen* bekannt, die auf Wettertelegrammen von sechs Stationen in Holland basieren. Aber wieder einmal erweisen sich die Probleme als viel schwieriger, und dem optimistischen Überschwang folgen sehr bald ernüchternde Ent-Täuschungen. Genau 26 Jahre danach resümierte er: »Anfangs war man vielfach der Ansicht, daß der Telegraph nur anzukündigen hätte, ein Sturm sei an einem gewissen Orte ausgebrochen und nach einigen Tagen weiter würde er an einem anderen Orte ankommen, und man war weit entfernt davon, einzusehen, daß eigentlich nur in der genauen Kenntnis der gleichzeitigen Zustände des Wetters an verschiedenen Orten die Grundlage für die praktische Meteorologie liegt.«

Dem berühmen Kapitän Robert Fitzroy erging es in England nicht viel anders. 1860 konstruiert auch er synoptische Wetterkarten, und ab August 1861 erscheinen seine Wetterreports und -vorhersagen einschließlich Sturmwarnungen in der Zeitung. Gelegentliche Treffer vermögen die Mißerfolge nicht mehr aufzuwiegen. Im fünften Jahr seiner Vorhersagetätigkeit resigniert Fitzroy und setzt seinem Leben ein Ende. Im Jahr darauf stellt das meteorologische Büro in England die Herausgabe der Sturmwarnungen ein.

1860 Heinrich Wilhelm Dove, Direktor des Preußischen Meteorologischen Instituts in Berlin, unternimmt einen Versuch zur Einberufung einer internationalen Konferenz der ›Land‹-Meteorologen.

1863 Urbain Leverrier in Paris veröffentlicht tägliche Wetterkarten.

1863 Sir Francis Galton entdeckt die Antizyklone (Hochdruckgebiet) als Gegenstück zu den viel bekannteren, weil wetterwirksameren Zyklonen (Tiefdruckgebieten).

1866 Seit August verbindet – nach drei gescheiterten Versuchen seit 1857 – das erste Transatlantikkabel zwischen Irland und Neufundland die beiden Kontinente.

1869 Cleveland Abbe veröffentlicht in Cincinnati die ersten Wettervorhersagen in den USA. Diese Dienstleistung übernimmt ab 1870 der Army Signal Service.

1872 Am 14. August treffen sich in Leipzig 52 Gelehrte zur ersten internationalen Meteorologenversammlung. Sie arbeiten einen Katalog der 26 dringendsten Fragen durch und bereiten den 1. (offiziellen) Meteorologenkongreß in Wien vor.

1873 Der erste Meteorologenkongreß mit 32 Repräsentanten von 20 Regierungen gründet – noch 1 Jahr vor dem Weltpostverein! – die erste weltumspannende Organisation – die IMO (International Meteorological Organization). Buys-Ballot wird ihr erster Präsident.

1873 Niels Hoffmeyer unternimmt als erster den Versuch, täglich auch Wetterkarten vom Atlantik zu zeichnen.

1873 Eine interessante Idee zur Methodik der Wettervorhersage taucht wieder auf, nachdem schon Brandes 1820 auf diese Möglichkeit hingewiesen hatte: »Vielleicht wäre es nun sehr der Mühe werth, aus den Beobachtungen mehrerer Jahre diejenigen Fälle zusammen zu stellen, die eine gewisse Gleichheit der Erscheinungen darbieten ... Solche Zusammenstellungen, wozu aber ein viel größerer Reichthum an mehrjährigen, von mehreren Orten gesammelten Beobachtungen gehören würde, als ich ihn besass, möchte uns wohl zur Kenntnis der Hauptursachen, von welchen die Witterung abhängt, näher hinführen.«

Abb. 6 Wetterforschung 1875: französische Meteorologen in ihrer fliegenden Beobachtungsstation »Zenith«, der Gondel eines Gasballons

Arthur Joachim v. Oettingen schlägt nun 1873 vor, mindestens 100 Wetterkarten von typischen Wetterlagen mit Nummern zu publizieren und später nur noch die Nummer des analogen Typs anzugeben. Wilhelm Jakob van Bebber in Deutschland, Ralph Abercromby in England u. a. greifen diese Idee auf, die noch heute in vielen Wetterdiensten der Erde praktisch genutzt wird, wenngleich in einer sehr viel komplizierteren und aufwendigeren Weise, als man damals für erforderlich hielt.

1876 Am 16. Februar erscheint an der Deutschen Seewarte in Hamburg die erste deutsche Wetterkarte.

1883 Erste Langfristprognose des erwarteten Eintrittstermins des indischen Monsuns durch Henry Francis Blanford.

1891 Die IMO-Kommission für Wettertelegraphie beschließt wegen ungelöster Sprachprobleme, alle Beobachtungsangaben in Zahlen zu codieren und in Gruppen zu je fünf Ziffern – entspricht den Übermittlungskosten eines ›Wortes‹ – den Telegraphengesellschaften zur Weiterleitung zu übergeben.

1891 Auf einer internationalen meteorologischen Konferenz in München geht es unter anderem um die Lösung folgender Probleme: Vereinheitlichung der Meßinstrumente und Definitionen meteorologischer Begriffe; Welcher Ausschnitt des Himmels – ganzer Himmel oder nur Zenit – soll bei der Beobachtung der Wolkenbedeckungsmenge berücksichtigt werden? Ein chronischer Datenmangel aus Südwest- und Südosteuropa wird beklagt, außerdem gibt es immer noch keine telegraphische Verbindung zu den Färöern, zu Island, Grönland und Labrador ...

1892 Mittels eines unbemannten Ballons und eines Meteorographen (= Meß- und Aufzeichnungsgerät für Temperatur, Luftfeuchte und Luftdruck) erhält Charles Hermite Meßdaten aus der freien Atmosphäre bis zu einer Höhe von 7 600 m.

1893 Das Preußische Meteorologische Institut in Berlin bezieht im Oktober 1892 sein neues Observatorium auf dem Telegraphenberg in Potsdam. Am 1. Januar 1893 beginnen an der ›Säkularstation‹ auf mindestens 100 Jahre angelegte meteorologische Beobachtungen und Messungen in relativ ungestörter Umgebung.

1894 Nach bemannten Freiballonen und unbemannten Registrierballonen werden die ersten Drachen – ab 1897 auch in Deutschland – eingesetzt, um Meßinstrumente in die freie Atmosphäre hinaufzubringen. Später folgen Fesselballone und Flugzeuge (erstmals 1912).

1895 Zwanzig Postämter in den USA beginnen im Dezember, ankommende Postsachen mit aktuellen Wettervorhersagen zu stempeln. Vor allem die Farmer benötigten rasche Hinweise und

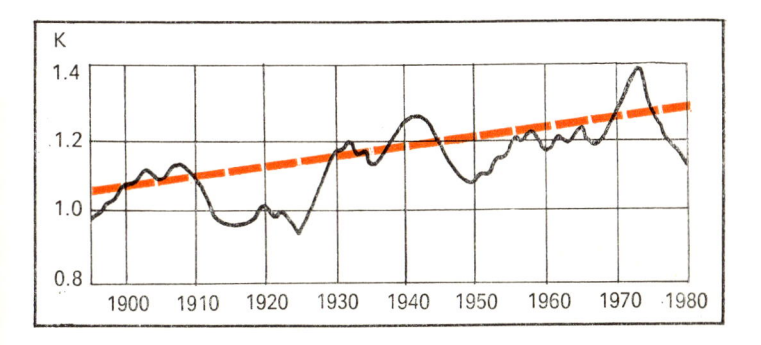

Abb. 7 Geglätteter Verlauf der mittleren jährlichen Temperaturabweichungen (K) zwischen Berlin-Innenstadt und Potsdam (nach A. Helbig).
Die Verstädterung führt zu einer lokalen Klimaänderung (Erwärmung), doch verbirgt sich dieser schwache Trend hinter sehr viel größeren Schwankungen, die sich auf unterschiedliche vorherrschende Zirkulationsformen der Atmosphäre zurückführen lassen.

Abb. 8 Mitte der 90er Jahre des vorigen Jahrhunderts versahen etwa 20 Postämter in den USA ihre Stempel mit aktuellen Wettervorhersagen, vor allem für die Farmer, denn Telefone waren selten und Radio und Fernsehen gab es noch nicht. Links: »Nachts Regen oder Schnee, morgen heiter, aber kälter«. Rechts: ein ähnliches Beispiel aus Mexiko vom Jahre 1903

Warnungen. Der Einsatz automatischer Entwertemaschinen ließ jedoch dieses Projekt nach 2 Jahren scheitern. Ab 1901 tauchte diese Idee noch einmal für einige Jahre in Mexiko-Stadt auf.
1901 Am 31.Mai erreichen die Meteorologen Joseph Arthur Stanislaus Berson und Reinhard Süring in einer offenen Ballongondel eine Höhe von 10,8 km, die lange Zeit den Höhenweltrekord markierte.
1902 Im Spätsommer beginnt Richard Aßmann, Direktor des Königlich-Preußischen Aeronautischen Observatoriums, in Lindenberg b. Beeskow mit täglichen Ballon- und Drachenaufstiegen.
1902 Der ungestüme Aufbruch in die dritte Dimension führt zur Entdeckung der ›oberen Inversion‹ durch Teisserenc de Bort und Aßmann, die – im Mittel in Europa – in etwa 10 bis 12 km Höhe als Tropopause die Troposphäre von der darüberliegenden Stratosphäre trennt.
1903 Alfred de Quervain führt erste Pilotwindmessungen durch. Kleine, mit Wasserstoff gefüllte Ballone werden aufgelassen und mittels Theodoliten vermessen, woraus sich für jede beliebige Höhe – solange der Ballon sichtbar bleibt! – der momentane Windvektor bestimmen läßt. Ab 1911 gibt es in Deutschland einen durch Aßmann ins Leben gerufenen ›Warnungs- und Prognosedienst für Luftfahrer‹ auf der Grundlage der mehr oder weniger regelmäßigen, meist aber zu spät eintreffenden PILOT-Telegramme aus Aachen, Berlin, Bitterfeld, Breslau, Bromberg, Dresden, Elsfleth, Hamburg und Magdeburg.

Abb. 9 Start eines meteorologischen Drachens am Aerologischen Observatorium Lindenberg (südöstlich von Berlin)

1904 Vilhelm Bjerknes, der spätere Gründer des Leipziger Geophysikalischen Instituts, entwirft auf nur sieben Seiten in der »Meteorologischen Zeitschrift« ein kühnes Programm: »Das Problem der Wettervorhersage, betrachtet vom Standpunkt der Mechanik und der Physik«. Geburtsstunde der deterministischen, auf den Gleichungen der Hydrothermodynamik basierenden Wettervorhersage.
1907 Felix Maria Exner versucht, synoptische Bodenluftdruckkarten vorauszuberechnen.
1907/08 Erste praktische Experimente, aktuelle Wetterbeobachtungen von Schiffen im Atlantik mittels ›Funktelegraphie‹ nach

Europa zu senden. Gemeinsame Versuche (ab 1909) der Deutschen Seewarte und des Englischen Meteorologischen Instituts ergeben: Morgentelegramme sind meist nur von Schiffen östlich von 12° w. L. zu empfangen, tagsüber maximal bis 30° w. L.

1911 Mittlere Aufstiegshöhen in Lindenberg mit Ballonen 2,6 km (max. 4,6 km), mit Drachen 3,2 (max. 6,3) km. Im Jahre 1955 liegen die mittleren Gipfelhöhen der Radiosonden bei 20 km, 1985 bei 31 km.

1918 Vilhelm Bjerknes entwickelt in Bergen (Norwegen) sein berühmtes, in einigen wesentlichen Teilen noch heute akzeptiertes Zyklonenmodell. Der 1. Weltkrieg stand sicher Pate bei der Begriffsbildung für die auffallendste Eigenschaft außertropischer Zyklonen bzw. Tiefdruckgebiete, die Warm- und Kaltfronten, die unterschiedliche Luftmassen sehr verschiedenen Ursprungs voneinander trennen.

1922 Der Engländer Lewis Fry Richardson, ein eher unkonventioneller Außenseiter, publiziert sein Buch »Numerische Wetter-

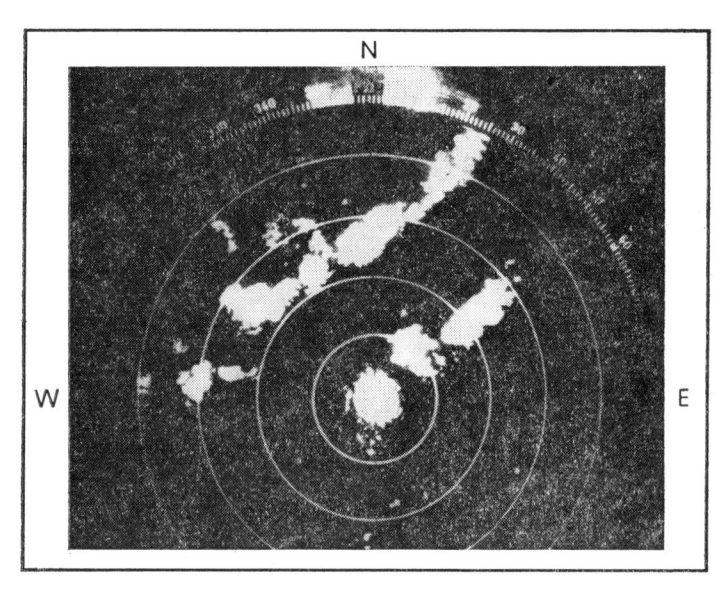

Abb. 10 Eine erste Schauer- und Gewitterstaffel zieht nordöstlich von Leipzig (im Zentrum des PPI-Radarbildes) vorbei; eine zweite folgt von Nordwesten her nach. Die PPI-Technik vermittelt eine Sicht der Radarechos »von oben«.

vorhersage«, in dem er eine Methode darstellt, das morgige Wetter mittels heutiger Beobachtungen vorauszuberechnen. Ungelöste Probleme in der richtigen Handhabung approximativer Methoden zur Lösung des nichtlinearen Gleichungssystems ließen ihn so große Druckänderungen berechnen, als ob sich atmosphärische Störungen mit Schallgeschwindigkeit verlagern würden. Die Ursache dieses zu völligem meteorologischem Unsinn führenden Defekts hat erst Jule Charney 1949 erkannt und behoben. Durchaus richtig schätzte aber Richardson ein, daß erst ein Team von 64 000 menschlichen ›Rechenautomaten‹, ausgerüstet mit mechanischen Tischrechnern, angenähert in der Lage wäre, das Wetter so schnell zu berechnen, wie es in der Natur abläuft. An eine Vorher-Sage sei überhaupt noch nicht zu denken.
1928 Pavel Aleksandrovič Molčanov startet in Pawlowsk bei Leningrad die erste Radiosonde, ein noch heute im Prinzip verwendeter Wetterballon, der die gemessenen Temperatur-, Feuchte- und Druckwerte sofort per Funk zur Erde sendet. Die mittlere Steiggeschwindigkeit beträgt etwa 300 m/min.
1934 Richard Scherhag konstruiert an der Deutschen Seewarte in Hamburg die erste Höhenwetterkarte aus dem 500-hPa-Niveau.
1942 Im Gefolge der militärischen Abwehrmaßnahmen während der Luftschlacht um England mittels Radarortung feindlicher Flugzeuge wird erstmals auch ein Wetterradar mit Zentimeterwellenimpulsen zur zeitlich und räumlich kontinuierlichen (!) Niederschlagsortung eingesetzt.

Mitte der 40er Jahre, gegen Ende des 2. Weltkrieges, hatte die klassische synoptische Methode der Wettervorhersage zweifellos den Höhepunkt ihrer Bedeutung erreicht, auch wenn es zehn Jahre später, nach der Entdeckung der hochtroposphärischen Strahlströme, noch einmal scheinen mochte, als ob der synoptische Ansatz allein in der Lage wäre, den lang ersehnten Durchbruch in Richtung perfekter Wettervorhersage herbeizuführen.

Er kam in der Tat. Langsam zwar, aber stetig und aus einer Richtung, der die überwiegende Zahl der Synoptiker nicht die Chance eines Erfolges einräumte.

Die Ära der mathematischen Modelle

Was sind eigentlich Modelle? In seinen klassischen »Prinzipien der Mechanik« formulierte Heinrich Rudolf Hertz, der Lehrer von V. Bjerknes: »Wir machen uns innere Scheinbilder oder

Symbole der äußeren Gegenstände von solcher Art, daß die denknotwendigen Folgen der Bilder stets wieder die Bilder seien von den naturnotwendigen Folgen der abgebildeten Gegenstände.« An ihnen können wir »wie an Modellen in kurzer Zeit die Folgen entwickeln, welche in der äußeren Welt erst in längerer Zeit... auftreten; wir vermögen so den Tatsachen vorauszueilen«. Modelle sind Vereinfachungen, Transformationen der Wirklichkeit. Auch die bisher ausgeübten Methoden der Wettervorhersage beruhten auf Modellvorstellungen. Ihr Hauptmangel jedoch war die Beschränkung auf eine *qualitative* Beschreibung, deren notwendige quantitative Ergänzung allein – wenn überhaupt – im individuellen Erfahrungsschatz, im Regelwerk des erfolgreichen Synoptikers, zu finden war.

Durchgängig quantitative Modelle waren nur von der Mathematik zu erwarten. Sie aber war zur Tatenlosigkeit verurteilt, da die Menge der Zahlen und der mit ihnen auszuführenden Rechenoperationen jedes handhabbare Maß bei weitem überschritt!

1946 Der ungarische Mathematiker John v. Neumann und Charney beginnen in Princeton mit der mathematischen Modellierung des Wetters.

Im April 1950 gelingt auf einem ENIAC-Computer die erste erfolgreiche numerische Integration der barotropen Vorticity-Gleichung. Das zweite Experiment wurde im Juni 1951 durchgerechnet.

1948 Im Nordatlantik wird ein Netz von zehn ortsfesten Wetterschiffen etabliert, das unter der Schirmherrschaft der ICAO (zivile Luftfahrt) bis 1975 Bestand hat. Danach, der hohen Kosten und neuartiger Informationen von Wettersatelliten wegen, verbleiben nur noch vier Wetterschiffe. Aber Satelliten können nicht alles; deshalb sind ab 1988 automatisierte Ersatzsysteme erforderlich geworden, wie Driftbojen (Luftdruck und Wassertemperatur), Wind- und Temperaturmessungen von Flugzeugen sowie Radiosondenstarts von Handelsschiffen aus (COSNA-Projekt).

1950 Gründung der WMO, der Meteorologischen Weltorganisation. Am 23. März haben 30 Mitgliedsländer ihre Konvention unterschrieben, die somit in Kraft tritt. Seit 1960 wird an diesem Tag alljährlich der Welttag der Meteorologie begangen.

1951/53 Die ersten baroklinen 2-Parameter-Modelle liefern ermutigende Ergebnisse, auch wenn sie vielen Meteorologen noch als ziemlich suspekt erscheinen, weil bestimmte Koeffizienten in den mathematischen Gleichungen so ›hingebogen‹ wurden, daß

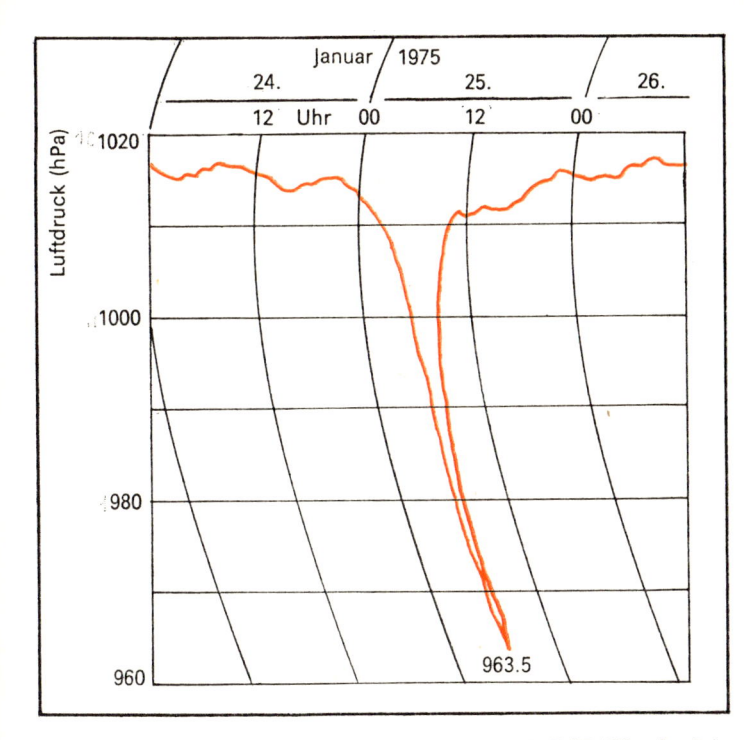

Abb. 11 Visitenkarte des Tropischen Wirbelsturms »DEBORAH«, der Spitzenböen um 200 km/h erreichte. Von der durch ihn zerstörten meteorologischen Station Fort Dauphin blieb obiges Barogramm erhalten: In 3 Stunden fiel der Luftdruck um 42 hPa. Ein extremes atlantisches Sturmtief bringt es höchstens auf halb so große Werte.

eine optimale Übereinstimmung zwischen Modell und realem Testfall – ein Sturm am Thanksgiving Day 1950 in den USA – erzielt werden konnte.
1953 Barotrope 1-Schicht-Modelle können Hoch- und Tiefdruckgebiete nur verlagern, sie aber nicht entstehen oder vergehen lassen. Nunmehr gelingt aber der Nachweis, daß barokline Mehrschichtmodelle prinzipiell in der Lage sind, die Entstehung eines Tiefdruckwirbels (Zyklogenese) zu modellieren, d. h. mathematisch zu simulieren.
1956 Tropische Wirbelstürme (Hurrikane, Taifune...) sind mit Abstand die gefährlichsten Tiefdruckwirbel, ja vielleicht sogar die gefährlichsten aller meteorologischen Phänomene. Sie ge-

nauer zu erforschen ist Ziel des ersten Regionalprojekts der WMO, des Caribbean Hurricane Project.

1957/58 Es wird immer klarer, daß nur ein über längere Zeit und über größere Gebiete der Erde konzipiertes Beobachtungs- und Meßprogramm neues Wissen herbeiführen und die mathematischen Modelle der Wetteranalyse und -prognose auch operativ, d. h. unter Echtzeitbedingungen zum Laufen bringen kann. Im Rahmen des Internationalen Geophysikalischen Jahres (IGJ) wird das bis dahin größte globale Beobachtungprogramm auf die Beine gestellt. Freiwillige Wetterbeobachtungen von Handelsschiffen aus nehmen merklich zu; es gelingt ein globaler Datenaustausch rund um die Uhr, drahtlose Fernschreiber und Bildübertragungsgeräte helfen dabei.

1958 Im Sommer beginnt das US Weather Bureau mit der Bildfunk-(Faksimile-)Übertragung von Höhenwetterkarten, die mit Hilfe eines nichtgeostrophischen, barotropen Modells 1 bis 3 Tage im voraus für die gesamte Nordhalbkugel der Erde berechnet werden. Mit entsprechender Empfangstechnik konnte jeder nationale Wetterdienst diese Informationen beziehen und verwerten.

1959 Im August gelingen Explorer-6 mittels Fernsehkamera aus dem Orbit erste Wolkenfotos von größeren Gebieten der Erde.

1960 Am 1. April startet Tiros-1, der erste Wettersatellit. Er macht sogleich auf einen Hurrikan in einem beobachtungsarmen Gebiet des Atlantik aufmerksam und daher von sich reden. Der erste sowjetische Wettersatellit, Kosmos-122, folgt im Juni 1966. Am 7. Dezember 1966 wird ATS-1, der erste geostationäre Satellit, gestartet.

1962 Bei der wissenschaftlichen Auswertung der im Internationalen Geophysikalischen Jahr angehäuften Beobachtungsdaten kam man unter anderem zu dem Schluß, daß die befristete internationale Sonderanstrengung eigentlich permanente Routine werden müßte, um in der Modellierung atmosphärischer Prozesse und damit in der Wettervorhersage entscheidend voranzukommen. Vor allem die meteorologischen Satelliten und die rasante Computerentwicklung ließen neue Hoffnung aufkommen. Am 14. Dezember faßt die UNO-Generalversammlung die erste Resolution zur Ausarbeitung eines gigantischen Projekts, des GARP (=Global Atmospheric Research Programme). 1966 war GARP formuliert, 1967 beschlossene Sache. Von G wie global konnte noch sehr lange keine Rede sein – die Schwierigkeiten wurden gewaltig unterschätzt! Aber in kleinen Testgebieten und an Teilprojekten wurde schon einmal trainiert: 1969 BOMEX (= Barbados Oceanic and Meteorological Exeriment), 1974 GATE (=

GARP Atlantic Tropical Experiment) im östlichen tropischen Atlantik, wo von Juni bis September in einem Gebiet von ›nur‹ 500 000 km² 20 Länder mit ihrer Beobachtungs- und Nachrichtentechnik beteiligt waren.

1963 Das erste barokline hemisphärische Prognosemodell wird in Dienst gestellt.

1963 Erster Anstoß zu WWW (= World Weather Watch), der ›materiellen‹ Basis von GARP und jeglicher meteorologischen Routinearbeit, mit ihren drei Aktivitäten: Daten erfassen, austauschen, verarbeiten.

1969 Rechtzeitig zum ersten GARP-Experiment BOMEX (s. o.) steht die Weltwetterwacht WWW. Die meteorologischen Satelliten beginnen, nicht nur Bilder von Wetterfronten und Wirbelstürmen zu liefern, sondern sie bestimmen auf indirektem Wege auch so wichtige Daten wie Wind und Temperatur in der gesamten Troposphäre, ja sogar Oberflächentemperaturen der Ozeane und Länder – global und rund um die Uhr!

1972 Das erste Klimamodell ist einsatzfähig und versucht, unsere meteorologische Zukunft vorwegzunehmen. Erste, zum Teil übertriebene Abschätzungen zum Problem: CO_2-Zunahme und globale Erwärmung.

1973 Die Idee einer koordinierten internationalen wissenschaftlichen Anstrengung zur Lösung des Problems der mittelfristigen Wettervorhersage für 2 Tage bis 2 Wochen im voraus nimmt Gestalt an: Im Oktober wird das ECMWF (European Centre for Medium Range Weather Forecasts) gegründet. Am 1. November 1975 ratifizieren 17 meist westeuropäische Länder in Reading bei London das Übereinkommen. Bereits 5 Jahre danach werden täglich 10-Tage-Prognosen erzeugt und verbreitet.

1976 Mit dem CYBER-76 besitzt das Regionale Meteorologische Zentrum (RMC) Offenbach (BRD) für einige Zeit den größten Wettercomputer Europas. Theoretische Rechengeschwindigkeit: 36 Millionen Operationen je Sekunde (MIPS), praktisch realisiert er ›nur‹ 16 bis 20 MIPS.

1977 Am 16. November wird der für Europa und Afrika bedeutsamste (geostationäre) Wettersatellit, METEOSAT-1, von Cap Canaveral aus gestartet. Er ›steht‹ in rund 36 000 km Höhe über dem Golf von Guinea (0°Breite/0° Länge) und macht alle 30 Minuten Aufnahmen in den drei Spektralbereichen 0.4 bis 1.1, 5.7 bis 7.1 und 10.5 bis 12.5 µm. METEOSAT überwacht im Rahmen von WWW kontinuierlich den Raum zwischen 60° n. Br. bis 60° s. Br. und 60° w. L. bis 60° ö. L.

1978 Seit November (bis mindestens 1985) überwacht der amerikanische Wettersatellit NIMBUS-7 die Strahlungsbilanz der Erde. Es ist dies die erste lange Meßreihe, die auf *einem* Instrumentensystem basiert.

1978 Nach einer 1jährigen Aufbauphase beginnt mit dem 1. Dezember das auf 1 Jahr begrenzte FIRST GARP GLOBAL EXPERIMENT (FGGE) – das erste wirklich global angelegte GARP-Experiment – 16 Jahre nach dem entsprechenden UNO-Beschluß und 10 Jahre nach Einführung der Weltwetterwacht.

1979 Im Februar verabschiedet eine Weltkonferenz die Deklaration zur Aufstellung eines Weltklimaprogramms (WCP), das vom VIII. WMO-Kongreß angenommen wurde. Was GARP für die *Wetter*vorhersage ist, soll WCP für die *Klima*vorhersage sein.

1983 Der IX. Kongreß der WMO, der inzwischen 152 Staaten und 5 Hoheitsgebiete angehören, verabschiedet unter anderem den ersten Langzeitplan für die Jahre 1984 bis 1993. Neben der Sicherung und dem Ausbau bewährter und unverzichtbarer Projekte, wie WWW, WCP, kurz-, mittel- und langfristige Wettervorhersageforschung, gewinnen bisher eher unterschätzte Aktivitäten an Bedeutung, die durch Hilfe und Austausch von wissenschaftlich-technischem Know-how die angewachsenen Unterschiede zwischen meteorologisch hoch- und unterentwickelten Ländern abzubauen oder doch zumindest einzufrieren versuchen.

Sechseinhalb Jahrhunderte Geschichte der Meteorologie haben wir Revue passieren lassen. Die wichtigsten Stationen, die meisten Initiativen gründen sich auf den ungeschriebenen Glaubenssatz, nach dem sich das Wetter um so genauer vorhersagen läßt, je besser es gelingt, mehr und genauere Beobachtungs- und Meßdaten zu gewinnen, sie schneller weltweit auszutauschen und rasch zu Prognoseprodukten zu verarbeiten. ›Mehr Daten‹ hieß: Zunahme der Stationszahl, der Detailliertheit und Häufigkeit der Beobachtung, Daten aus immer größeren Höhen der Atmosphäre. Gegenwärtig existiert eine Datendichte und -vielfalt, von der ein Buys-Ballot, ein Fitzroy oder Dove nur träumen konnten. Und der Datenhunger der Meteorologen ist bei weitem noch nicht gestillt, wenn sie an Unwetterphänomene, wie Wolkenbrüche, Gewittersturmböen, dichten Nebel, Glatteis denken – Phänomene, die sich bisher einer merklichen Verbesserung ihrer Vorhersagbarkeit zumeist entzogen! Dann werden schon Beobachtungsdichten von 1 km und $^1/_2$ Stunde angemahnt.

Ein anderer Glaubenssatz, 1904 von V. Bjerknes eingeführt und in den 50er Jahren mit unerschütterlichem Optimismus verfochten, verkündete etwa: Die *Vorhersage* des Wetters ist der entscheidende Test für unser Verständnis und Wissen um die Physik und Dynamik der Atmosphäre, deren Verhalten sich mit Hilfe des (deterministischen) Systems der hydrothermodynamischen Gleichungen beschreiben und modellieren läßt. Der Widerspruch, die Differenz zwischen Erwartung und praktischem Resultat, konnte früher immer erklärt werden durch noch vorhandene Mängel in den Daten, durch noch unvollkommen berücksichtigte Physik oder/und unzureichende mathematische Schemata der numerischen Integration. Folglich blieb auch der Glaubenssatz sakrosankt.

Seine ersten Erschütterungen mußte er Mitte der 50er Jahre bis Ende der 60er Jahre hinnehmen, als immer klarer wurde, daß sich der Zustand der gesamten Atmosphäre zu einem ganz bestimmten Zeitpunkt (= Anfangszustand der Modellrechnungen!) nie völlig exakt wird bestimmen lassen. Schlimmer noch: Kleinste, unmeßbare (!) Unterschiede in einer momentanen Analyse (Diagnose) der Erdatmosphäre und ihrer unteren Begrenzung (Zustand der Erd- und Ozeanoberfläche) lassen die Modellergebnisse nach einer gewissen Zeitspanne so weit auseinanderlaufen, daß nach 10 bis 14 Tagen das prinzipielle (!) Ende der Vorhersagbarkeit des Wetters erreicht scheint. Und schließlich kommt 1969 Edward N. Lorenz zu der fundamentalen Einsicht: »Die Atmosphäre verhält sich nicht voll deterministisch«, was auf nichts anderes hinausläuft, als daß der Zufall nicht nur eine Ausrede für noch nicht bekanntes Wissen ist, sondern daß er auch unabhängig von uns Menschen, d. h. objektiv existiert und letztendlich verhindert, daß wir die Zukunft, nicht nur die meteorologische, in *allen* Einzelheiten perfekt vorausberechnen können.

Über diese fundamentale Erkenntnis, überreich an Konsequenzen, die wir noch kaum angefangen haben zu überdenken, wollen wir im nächsten Kapitel mehr Aufschluß erfahren.

2. KAPITEL

Das Unberechenbare

Wenn man so will, läuft's letztlich auf die Frage hinaus: Was fangen wir mit dem Zufall an?

Schon immer und auch heute noch wird diese unverfänglich scheinende Frage kontrovers beantwortet.

Die einen sehen im Zufall nur eine vorübergehende Ausrede des Menschen infolge seines Noch-nicht-Wissens. Die anderen, auf deren Seite sich auch der Autor schlägt, ziehen aus ihren Erfahrungen den Schluß, daß der Zufall wirklich und unabhängig von uns existiert. Der unausweichlichen Konsequenz dieser Entscheidung sind sie sich durchaus bewußt. Sie bedeutet nämlich den endgültigen Abschied von der Gewißheit, letzten Endes einmal alles genau vorherbestimmen, vorherwissen, vorhersagen zu können.

Daß dieses Credo nichts mit Resignation zu tun hat, sondern mit Wahrheit und der schlichten ›Anerkennung des Gesetzlichen‹, wollen wir versuchen darzulegen.

Unabwendbares

Vom Zufall zu reden fällt leicht, wenn es seiner nur bedarf, um Noch-nicht-Erklärbares zu ›erklären‹. Schwieriger wird es aber, über ihn zu befinden, je mehr er uns von seiner Macht offenbart hat. »Macht ist das, was etwas vermag«, sagte Carl Friedrich v. Weizsäcker im Sommer 1946 in seinen berühmten Vorlesungen über die Geschichte der Natur, und er fährt fort: »Macht hängt zusammen mit machen, vermögen, Möglichkeit. Die Zukunft ist das Mögliche. Macht hat mit der Zukunft zu tun. Äußere Macht hat die zukünftigen Ereignisse in der Hand. Auch in diesem Sinne hat man die Götter mächtig gedacht.«

Nicht nur der Menschen Geschicke und der Welten Lauf, auch Wetter und Klima wurden von den Göttern gelenkt. Und es wird wohl auf ganz unterschiedliche Erfahrung zurückzuführen sein, wenn sowohl von unabwendbarer Vorsehung (Fatum, Kismet, Prädestination) als auch von Götterlaunen die Rede ist, so als ob es ihnen manchmal verstattet sei, der Unausweichlichkeit zu trotzen und wider alle Regel Unerwartetes geschehen zu lassen.

Später dann, in der griechischen Antike, bedürfen die materialistischen Philosophen der Götter nicht mehr, um die Welt zu erklären. Demokrit hat seine Atome und die Allmacht des Logos und der Ananke, der Naturnotwendigkeit. Sieht man aber genauer hin beim begrifflichen Wechsel von Gott zu Materie und von Vorsehung zu Naturnotwendigkeit – in einem Punkt ist alles beim alten geblieben: Die Zukunft der Welt ist ein für allemal vorausbestimmt und unabänderlich. Freilich, gelänge es, die ehernen Gesetze der Ananke zu entschleiern, wüßten die Menschen im voraus, was ihnen zugedacht ist – ein Reiz des Erkennens, den die Götter früher eifersüchtig verwehrten. Doch ist es unter allen Umständen wirklich wünschbar, dem Unausweichbaren tatenlos ins Auge sehen zu müssen? Ja, widerspricht diese Ohnmacht nicht eigentlich der von jedem Menschen gemachten Erfahrung von der Freiheit seiner Willensentscheidung trotz aller Zwänge? Oder ist er ›in Wirklichkeit‹ doch absolut unfrei?

Fatalismus machte sich breit, stärker denn je; denn die frühere, durch die Vorsehung der Götter gesetzte Ananke wurde immerhin gemildert durch göttliche Willkür. Ihrem launischen Spiel entsprang manchmal Neues, noch nie Dagewesenes. Ja, schien es nicht sogar, als ob man durch gottgefälliges Verhalten die Gunst der Götter erringen und diese sogar dazu bewegen konnte, das zugedachte Schicksal gnädig abzuändern? Und nun Demokrit: »Nichts geschieht aufs Geratewohl, sondern alles aus einem bestimmten Grunde und infolge der Notwendigkeit.« Gegen den fatalistischen Zug, der sich aus seiner mechanischen, an ein ›gnadenloses‹ Uhrwerk gemahnenden Betrachtungsweise ergibt und damit die menschliche Willensfreiheit schlechtweg negiert, wendet sich aber Epikur.

Möglichkeit

Die Schicksalsnotwendigkeit, als Herrin über alle Dinge eingeführt, erklärt Epikur für leeres Gerede und behauptet vielmehr, daß einiges zwar mit Notwendigkeit geschehe, anderes aber durch Zufall, wieder anderes sogar durch unsere eigene Entscheidung.

Besser, als sich zum Sklaven der Naturnotwendigkeit zu machen, wäre es dann schon, dem Mythos über die Götter zu folgen; denn der Mythos deutet die Aussicht an, die Götter durch Verehrung zu versöhnen, während die Notwendigkeit nur den unerbittlichen Zwang kennt. Der Weise betrachtet daher den Zufall nicht als eine Ursache, deren Existenz zweifelhaft ist.

Epikur meint, die anderen »bemerkten nicht, daß sie sich ... Schweres zu leicht machten mit der Behauptung, Ursache für alles sei die von selbst wirkende Notwendigkeit. Die Lehre, die dies verkündete, war zum Scheitern verurteilt. Sie brachte den Menschen dahin, daß er in der Praxis mit der Theorie in Widerstreit geriet«. Und geradezu seherisch merkt er in einem Brief an Pythokles zur Meteorologie an, die damals alles untersuchte, was da oben am Himmel passierte: »Die ganze Ursachenforschung der Himmelserscheinungen wird vergebens sein, wie es schon einigen widerfahren ist, die meinten, nur auf *eine* Art könne alles geschehen, alle anderen Möglichkeiten verwarfen und so, in das Undenkbare getrieben, die Erscheinungen ... nicht mehr im ganzen zu überblicken vermochten.«

Gleichwohl herrschte damals und in den darauffolgenden Jahrhunderten die Ansicht vor, der noch heute mancher Naturwissenschaftler anhängt, daß – wie es Dionysios ausdrückte – »sich die Menschen ein Abbild des Zufalls geformt haben zur Entschuldigung für ihre eigene Ratlosigkeit«. Eigentlich gibt es den Zufall aber nicht, meinten sie. Andere schwächen ab und nehmen an, daß im Mikrokosmos, in der völlig ungeordneten Bewegung der Moleküle etwa, der Zufall zweifellos existiert, dagegen nicht außerhalb dieser Sphäre.

Kann man aber die Dialektik von Zufall *und* Notwendigkeit portionieren?

Epikur, in den Augen des Autors der erste, von dem wir wissen, daß er im Denken so ganz und gar Gegensätzliches vereinte, um die so widersprüchliche Natur besser begreifen zu können, Epikur also sah Notwendigkeit und Zufall als gemeinsame, wenn auch im ständigen Widerstreit liegende Ursache aller Bewegung und Entwicklung an. In diesem Zusammenhang entstand ein zählebiges und folgenschweres Mißverständnis, auf das wir unbedingt kurz eingehen müssen, um besser in der Lage zu sein, durchaus Verschiedenes auch als Unterschiedliches zu begreifen. Die Rede ist von Gesetz und Kausalität, Zufall und Wahrscheinlichkeit.

Kausalität

Kein Begriff im Ringen um Erkenntnis ist von Anfang an so überfrachtet worden wie der der Kausalität, und es fällt heute noch manchem schwer, ihn auf das zu reduzieren, was er ursprünglich den antiken Philosophen bedeutete. Lukrez etwa faßte das Kausalitätsprinzip mit den Worten zusammen: De nihilo fiat nihil – Nichts kann aus nichts entstehen, etwa durch göttliche Schöpfung. Alles hat seine natürliche Ursache, seinen im Irdischen erkennbaren Grund. Wenigstens im Prinzip, denn nicht alles ist uns zu jeder Zeit durch Beobachtung und Messung zugänglich. Wir haben also keinen Grund, sagt Lukrez, nur weil wir die Ursachen vieler Ereignisse am Himmel und auf Erden noch nicht erkennen können, sie deshalb auf göttliches Eingreifen zurückführen zu müssen.

Die Anerkennung der Kausalität bedeutet aber nun nicht automatisch, anzunehmen, daß aus einer in allen Einzelheiten bekannten Gegenwart in *eindeutiger* Weise eine ebenfalls in allen Einzelheiten genau bestimmbare Zukunft hervorgehen müsse. Anders ausgedrückt: Kausalität darf nicht mit Determinismus (Ananke ohne Tyche (Zufall, Glück); der Zufall existiert nicht wirklich, alles ist genau vorherbestimmt und vorhersagbar) gleichgesetzt werden. Aristoteles, der sich übrigens offen gegen die ›alte Lehre, die den Zufall leugnet‹ (Demokrit) ausspricht, weiß von dieser Verwechslung schon zu berichten: »Einige Philosophen sind in Zweifel, ob es den Zufall gibt oder nicht. Sie behaupten nämlich, nichts geschehe aus Zufall, sondern alles habe eine bestimmte Ursache.«

Epikur und alle Dialektiker nach ihm sagen aber: Auch das Zufällige hat seine natürlichen Ursachen, aber diese sind vorher nicht bekannt und also nicht vorhersagbar. Man braucht nur an die verschiedenen mechanischen Prozeduren zu denken, in denen der Zufall bemüht wird, Fortuna (Glück) in Erscheinung treten zu lassen, wie Lotto, Lotterie, Roulette u. a. m. Es gibt keinen vernünftigen Grund, annehmen zu müssen, daß Gott – oder der Teufel! – die Kugel lenkt und dabei alle Gesetze der Physik außer Kraft setzt.

Gesetz

Das Gesetz selbst nämlich vereinigt in seiner vollkommensten Form, die die Naturwissenschaft zumindest bei halbwegs komplizierten, aus mehreren Teilsystemen bestehenden Vorgängen noch längst nicht vollständig aufgedeckt hat, in sich Notwendiges und Zufälliges. Darin ähnelt es übrigens dem Spiel; wir werden darauf zurückkommen.

Wie aber erklären sich nun die Epikureer das Entstehen von Zufälligem? Irgendwann und irgendwo, sagen sie, weichen die Atome ein klein wenig von ihrer geraden Bahn ab, kollidieren miteinander und schaffen so Neues, denn »wenn jede Bewegung aus einer vorhergehenden nach determinierter Ordnung entstünde, wenn also die Atome nicht durch Abweichung (Deklination) eine unbedingte Bewegung begännen, die den fatalistischen Zwang bräche, damit nicht eine Ursache immer wieder aus der anderen folgte, wie könnte es dann jenen freien Willen geben . . ., durch den wir entgegen der Vorsehung ausführen, was wir wollen?«

Die Kühnheit dieses Denkens fasziniert noch heute. Oder sollte man sagen: heute wieder? Oder gerade heute, wo die Mathematik selbst an einfachsten Gleichungen die ›katastrophalen‹ Wirkungen unbedeutender ›Fluktuationen‹ (ein moderner Ausdruck für das Wirken des objektiven Zufalls) studiert und wo die Physik nach der thermodynamischen Statistik und der Quantentheorie im Studium turbulenter Phänomene erkennen muß, daß der offensichtlich zufällige Charakter der Turbulenz nicht mehr in das Weltbild strenger Berechenbarkeit paßt? Auch und erst recht gelangen Biologie und Soziologie zu analogen Erkenntnissen.

Was wundern wir uns also, wenn zu Zeiten Epikurs die anderen nicht gelten ließen, daß er »zur Begründung so großer Dinge auf den so unbedeutenden und wertlosen Vorgang zurückgreift, daß ein Atom um ein Minimum abweicht, damit denn nebenbei noch die Sterne und Lebewesen und der Zufall entstehen und der freie Wille nicht aufgehoben wird« (Plutarch). Der große Kant noch, wenn er an das Prinzip der Deklination der Atome dachte, sprach von einer »Unverschämtheit Epikurs«!

Dialektik

Wir meinen, Epikurs Gedanken über die Natur rechtfertigen ein näheres Eingehen vor allem zweier fundamentaler Begriffe wegen, die eng zusammengehören und etwa mit ›Dialektik‹ und ›Wahrscheinlichkeit‹ bezeichnet werden können.

Dialektik meint hier vor allem die bewußte Absage an Versuche, durch unerlaubte Verabsolutierung eines einzigen Prinzips zu erklären, was die Welt im Innersten zusammenhält. Dieser Versuchung sind viele in allen Zeiten erlegen, eben weil es die

Grenzen unserer Vernunft zu übersteigen scheint, Gegensätzliches als Einheit zu begreifen.

Descartes beispielsweise, dessen Naturbegriff in exemplarischer Weise durch das Maschinenbild der klassischen Mechanik bestimmt wird, vermag in vorangegangener Philosophie keine allzu große Hilfe zu erblicken: »Ich will von der Philosophie nichts sagen, als daß ich sah, daß sie von den ausgezeichnetsten Köpfen, die seit mehreren Jahrhunderten gelehrt haben, gepflegt worden ist und daß sich trotzdem in ihr noch kein Satz findet, über den man nicht streitet und der infolgedessen nicht zweifelhaft wäre ... Betrachte ich außerdem, wie viele verschiedenartigen Ansichten es hier über einen und denselben Gegenstand geben kann, die alle von Gelehrten behauptet werden, ohne daß doch jemals mehr als eine wahr sein kann, so erachte ich alles, was nur wahrscheinlich ist, fast für falsch.«

Wem kommt dabei wohl nicht Einsteins Brief an Max Born vom November 1944 in den Sinn? »Du glaubst an den würfelnden Gott und ich an volle Gesetzlichkeit in einer Welt von etwas objektiv Seiendem, das ich auf wild spekulative Weise zu erhaschen suche. Ich bin fest davon überzeugt, daß man schließlich bei einer Theorie landen wird, deren gesetzmäßig verbundenen Dinge nicht Wahrscheinlichkeiten, sondern gedachte Tatbestände sind, wie man es bis vor kurzem als selbstverständlich betrachtet hat.«

Und so schwang das Pendel in der Naturerklärung zwischen der absoluten Notwendigkeit ohne Zufall und Wahrscheinlichkeit auf der einen Seite und dem absoluten Zufall ohne jegliches ordnende Gesetz auf der anderen Seite hin und her. Dem forschenden Naturwissenschaftler kann es aber nicht gleichgültig sein, von welchem Weltbild er sich in der Erkenntnis und Erkennbarkeit der Dinge leiten läßt, auch und gerade nicht einem um die Verbesserung der Wettervorhersage bemühten Meteorologen. Wo stünde, könnte man theoretisieren, eigentlich heute die meteorologische Prognosekunst, wenn sie sich statt auf die Seite von Laplace, dem Protagonisten des erkenntnis-optimistischen, mechanischen Determinismus, hinter Hume gestellt hätte, der lehrte, daß kausale Zusammenhänge prinzipiell gar nicht erkennbar seien, denn was wir in der Erfahrung sehen, sei lediglich ein ›Eins-nach-dem-anderen‹ (post hoc) von Ereignissen. Nur die Gewöhnung bringe uns nämlich dazu, daraus ein ›Eins-wegen-einem-anderen‹ (propter hoc) zu machen. Die Wissenschaft könne daher nur die Aufeinanderfolge von Ereignissen beschreiben, nicht aber gesetzmäßige Zusammenhänge erkennen. Was sofort die Konsequenz nach sich zöge, daß es uns prinzipiell versagt sei, aus der Vergangenheit für die Zukunft zu lernen, was in dieser Absolutheit aber offensichtlich den Tatsachen widerspricht.

Wahrscheinlichkeit

Die Wahrscheinlichkeit, auch für Descartes nur ein Ausdruck mangelnden Wissens, erhielt erstmals durch Epikur *zusätzlich* ein objektives Moment, wenn die determinierte Notwendigkeit durch den unbestimmbaren, aber ebenfalls objektiv existierenden Zufall ergänzt wird. Da wir mit Epikur das Kausalprinzip des ›De nihilo fiat nihil‹ akzeptieren, müssen wir aber nun die Anwendung des Wahrscheinlichkeitsbegriffes auf die Vergangenheit ausschließen. Ein Ereignis in der Vergangenheit hat tatsächlich entweder stattgefunden oder nicht; es hat keinen Sinn, eine Wahrscheinlichkeit zu definieren, ob es stattgefunden hat. Eine völlig andere Frage ist dagegen, ob diese Entscheidung anhand unvollkommenen Wissens über die Vergangenheit zweifelsfrei, d. h. in eindeutiger Weise, getroffen werden kann.

Dieser qualitative Unterschied zwischen einer tatsächlichen Vergangenheit und einer offenen Zukunft, man kann auch sagen, zwischen einer unwiederbringlichen Vergangenheit und einem Feld zukünftiger Möglichkeiten, legt nahe, von einer Asymmetrie der Zeit zu sprechen – ein für die Wissenschaft fundamentaler Aspekt, sofern sie gehalten ist, über sich entwickelnde Systeme und deren Verhalten in der Zukunft zu befinden. Weizsäcker, der Tiefgründiges zur philosophischen Interpretation der modernen Physik angemerkt hat, fragt in diesem Zusammenhang: »Sind Behauptungen über eine objektive Zeit die *jetzt* noch in der Zukunft liegt, *jetzt* wahr oder falsch?« – ›Es regnet in Berlin am 12. Juli 1990.‹ – Ist 3 Jahre vorher zu entscheiden, ob dies im Sinne der klassischen, zweiwertigen Logik eine wahre oder falsche Aussage ist? »Wir können sagen«, resümiert Weizsäcker, »Behauptungen über die Vergangenheit sind objektiv falsch oder richtig, weil die Vergangenheit faktisch ist. Behauptungen über die Zukunft sind weder falsch noch wahr, sind aber durch Modalitäten wie möglich, notwendig, unmöglich usw. darzustellen, weil die Zukunft offen ist.«

›Offen‹ im Sinne Epikurs, wenn er an Menoikeus schreibt: »Man muß sich vergegenwärtigen, daß das Künftige weder ganz in unserer Gewalt ist noch unserer Gewalt ganz entzogen. Dann werden wir nicht darauf warten als auf etwas, das gewiß eintreten,

1	48x	8	36x	15	64x	22	67x	29	45x
2	66x	9	61x	16	65x	23	65x	30	60x
3	61x	10	57x	17	65x	24	44x	31	61x
4	49x	11	61x	18	46x	25	48x	32	43x
5	61x	12	55x	19	60x	26	46x	33	43x
6	59x	13	50x	20	62x	27	64x	34	56x
7	57x	14	66x	21	58x	28	61x	35	69x

1	98x	8	113x	15	130x	22	129x	29	116x
2	131x	9	131x	16	141x	23	123x	30	134x
3	119x	10	118x	17	130x	24	106x	31	109x
4	112x	11	120x	18	111x	25	106x	32	103x
5	118x	12	125x	19	125x	26	117x	33	114x
6	113x	13	112x	20	147x	27	128x	34	122x
7	109x	14	136x	21	115x	28	126x	35	123x

Abb. 12 Bei einem Lotto-Spiel vom Typ »5 aus 35« wurden nach 396 Ziehungen die Häufigkeiten der oberen Tabelle, nach 842 Ziehungen die der unteren Tabelle erreicht.
Bei »unendlich« vielen Ziehungen darf man erwarten, daß alle 35 Lottozahlen gleich häufig vertreten sind. Diesem Gesetz muß sich auch der Zufall beugen! Vergleicht man die obere mit der unteren Tabelle genauer, zeigt sich, daß der Zufall die Zahlen um so häufiger zog, je weniger sie anfangs in Erscheinung traten.

noch daran verzweifeln, wie bei etwas, das gewiß nicht eintreten wird.«

Nicht ›offen‹ in dem Sinne, daß *alles* möglich ist, denn auch der Zufall unterliegt Gesetzen, so widersprüchlich das auch klingen mag. Die mathematische Statistik ist ja gerade angetreten, um die Gesetze im Wirken des Zufalls aufzudecken. Der quantitative, zahlenmäßige Ausdruck für das Mögliche ist nun die Wahrscheinlichkeit. Sie zu bestimmen setzt die Kenntnis des Gesetzes voraus. Es erlaubt, Mögliches von Unmöglichem zu trennen und – je nach dem Entwicklungsstand der wissenschaftlichen Erkenntnis – immer genauere subjektive Schätzungen dieser objektiven Wahrscheinlichkeit zu berechnen.

Das Gesetzmäßige in der Welt liegt im Möglichen. Alle Gesetze der Natur, die wir entdecken, besagen uns ›nur‹, was unter bestimmten Bedingungen möglich und was unter denselben Bedingungen unmöglich ist. Die Gesetze besagen also nicht, was wirklich geschieht und geschehen wird, sie geben uns an, mit welcher Wahrscheinlichkeit etwas geschehen kann.

Insofern besteht zwischen der Aufgabe, den Ausgang des nächsten Würfelwurfs anzugeben bzw. vorherzusagen, ob es morgen zwischen 14 und 16 Uhr im Olympiastadion von NN. regnen wird, prinzipiell kein Unterschied. Ein idealer Würfel vorausgesetzt, ließe sich angeben, daß die Wahrscheinlichkeit, eine Vier oder Fünf oder Sechs zu würfeln, 50 % beträgt. Sofern an den Bedingungen nichts verändert wird (Art des Würfelns, Veränderungen am Würfel, . . .), bleibt diese Aussage in alle Ewigkeit dieselbe. Die Wettervorhersage hätte bei der heutigen Ausgangswetterlage vielleicht auch mit einer Wahrscheinlichkeit von 50 % ergeben, daß es morgen zwischen 14 und 16 Uhr im Olymiastadion von NN. regnen wird. Ein andermal aber könnten 5 % (fast sicher kein Regen), beim drittenmal 95 % (fast sicher ist Regen zu erwarten) als ›wahrscheinliche Wahrscheinlichkeit‹ vorhergesagt werden, weil die meteorologischen Bedingungen sich jedesmal grundlegend unterscheiden und die Gesetze der Atmosphäre solche extremen Möglichkeiten vorsehen.

Nebenbei bemerkt, schon heute kann der Meteorologe bei bestimmten, wenn auch nicht allzu häufig auftretenden Wetterlagen eine 0-%-Prognose riskieren und verantworten. Ob aber, selbst auch wieder nur bei bestimmten Wetterlagen, zukünftig eine 100-%-Prognose (absolute Sicherheit, daß es regnen wird) für verantwortbar gehalten werden kann, ist gegenwärtig noch nicht entscheidbar.

Keinerlei Zweifel besteht aber unter den Meteorologen darüber, daß es immer Situationen geben wird, wo ›das Wetter selbst nicht weiß, wie es weitergeht‹ und wo die subjektive Perfektion der Prognosekunst, die Exaktheit der mathematischen Prognosenberechnung gerade darin gipfelt, solch eine maximal unbestimmte Situation zu erkennen . . . und folgerichtig ›nur‹ eine 50-%-Prognose auszugeben.

Gewißheit

Gibt es denn nun überhaupt keinerlei Gewißheit? Wenn wir alles richtig überdenken, gelangen wir zur einzig möglichen Antwort:

»ja« *und* »nein«; sie kann nicht anders als widersprüchlich ausfallen und mag daher auf den ersten Blick irritieren. Das kommt, weil an Verschiedenes gedacht werden muß, wenn wir *eine* Erscheinung wahrnehmen und untersuchen. Jede Erscheinung enthält Allgemeines *und* Einzelnes. Das »Ja« bezieht sich auf das erste, für letzteres bleibt nur ein »Nein« übrig. Insofern spiegelt sich die Polarität von Notwendigem und Zufälligem auch in der Dialektik von Allgemeinem und Einzelnem. Was aber ist das Allgemeine, worüber allein wir am Ende unserer Forschung Gewißheit erlangen können?

In der Meteorologie gibt es seit langem ein Begriffspaar, das ziemlich genau dem entspricht, wovon gerade die Rede ist: Wetter und Klima. Das Klima ist das Allgemeine. Es bestimmt den Spielraum des Einzelnen, des Wetters. Dieser Spielraum, dieses Möglichkeitsfeld stellt sich auf unserer Erde recht unterschiedlich dar, am größten in der ›Kampfzone‹ der beiden Hauptluftmassen, der tropischen und der polaren, also innerhalb der Westwindzone der gemäßigten Klimate. Daher ja auch übrigens das Bedürfnis nach einer Wettervorhersage; denn in den tropischen Gebieten der Erde wird das Wetter hauptsächlich durch die beiden einzigen verläßlichen und hinreichend ›kräftigen‹ Perioden bestimmt, die die Sonne setzt: den Wechsel von Tag und Nacht, von Sommer und Winter. Mit fast mathematischer Strenge erfolgen dort die täglichen und jährlichen Schwankungen der meteorologischen Elemente. Nur ganz selten stören ›kometengleiche Irrläufer‹, wie tropische Wirbelstürme oder die Reste besonders kräftiger polarer Kaltluftausbrüche, die tropische ›Langeweile‹ des Wetters und vergrößern kurzzeitig den Spielraum der Möglichkeiten.

Zieht man aber vom Wetter der gemäßigten Breiten die tages- und jahresperiodisch bedingten Einflüsse ab, bleibt fast nur noch Aperiodisches, Regelloses und zunächst Unerklärliches übrig. Ja, die störenden Abweichungen von der einfachen Regel dominieren manchmal so sehr, daß der normale Tagesgang meteorologischer Elemente, vor allem der Temperatur, auf den Kopf gestellt wird – nächtliche Temperatur*zu*nahme durch Einfließen einer wesentlich wärmeren Luftmasse bzw. mittäglicher Temperaturrückgang durch Kaltluftzufuhr, sei es großräumig hinter einer Kaltfront, sei es nur auf einen schmalen Küstensaum beschränkt im Gefolge des Seewindeffektes.

Selbst die noch größere Macht und Gewißheit des Jahresgangs kann – allerdings nur kurzfristig! – gebrochen werden, wenn es manchmal an einzelnen Tagen im Winter wärmer ist als im Sommer!

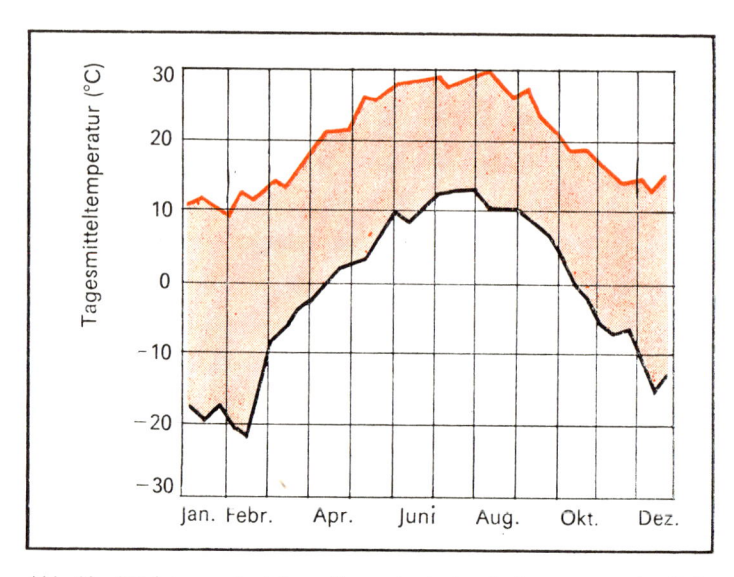

Abb. 13 Höchstes und tiefstes Tagesmittel der Lufttemperatur in Halle im Zeitraum 1899 bis 1958. Der Spielraum unseres Wetters ist so groß, daß es für einige Tage (nicht aber für einige Wochen) im Hochsommer kälter sein kann als im Hochwinter!

Wäre *nur* das Allgemeine der Gegenstand unseres Interesses, so könnten wir uns mit der Bestimmung des Normalen zufriedengeben, einer Aufgabe, deren Lösung sich vor allem die Klimatologie verschrieben hat. Lange Zeit nun glaubte sie, allein mit Mittelwerten der meteorologischen Elemente auszukommen, so als ob die unvermeidlichen Abweichungen vom Durchschnittswert lästige Störungen des Wahren seien. Die entwicklungsgeschichtliche Nähe der frühen meteorologischen Forschungsmethode und ihrer Denkhaltung zur Astronomie ließ sich nicht leugnen. Nur, was dort zum Beispiel Meßfehler bei der Bestimmung mittlerer Sternörter oder wahrer Planetenpositionen waren, entpuppte sich in der Meteorologie, spätestens seit Brandes' täglichen Wetterkarten, als eigenständige, originale und konkrete Erscheinungsform des Allgemeinen, des Klimas. Und so lernten die Klimatologen, auf der Grundlage langer Beobachtungsreihen neben den Mittelwerten auch geeignete Maßzahlen für die Variabilität und Schwankungsbreite der Wetterelemente zu berechnen. Und dennoch geben wir uns damit nicht zufrieden. Nein. Beim Wetter wollen wir auch das einzelne Detail genau vorher wissen. Genau betrachtet entsteht erst durch diesen Anspruch das Problem der Wettervorhersage! Bei anderen, ähnlich komplizierten Naturabläufen sind wir in der Regel nicht so vermessen, nach dem Einzelschicksal zu fragen, weil es entweder nicht interessiert oder wir von der Sinnlosigkeit solch einer Fragestellung intuitiv überzeugt sind. Man kann angeben, wann in einem bestimmten Jahr der Laubfall der Linde erwartet werden kann. Aber auch für jede einzelne Linde in einer Stadt? Oder etwa für jedes Blatt einer bestimmten Linde?

Bevölkerungsstatistiken verraten uns, wie viele Lebensjahre wir noch erwarten können. Muß nun der Soziologe auch für einen bestimmten Menschen zutreffend genaue Angaben machen?

Die Weltgesundheitsorganisation kann für das nächste Jahr einschätzen, mit welchen Grippeviren wann und in welchen Gebieten der Erde gerechnet werden muß. Die Gesundheitsdienste der Länder reagieren mit geeigneten Gegenmaßnahmen, wie Grippeschutzimpfungen. Das schließt nicht aus, daß der einzelne von einem ganz anderen Grippevirus befallen werden kann, noch erwartet man von den Epidemiologen Prognosen für jeden einzelnen Bürger eines Landes.

Aber beim Wetter legen wir genau auf den einzelnen Tag, ja sogar die einzelne Stunde und auf den Ort Wert, der gerade interessiert. »Daß die Fehlprognosen eine so große Rolle spielen, ist also vielmehr ein Ergebnis der Ansprüche an die Wettervorhersage als eine Unzulänglichkeit unseres Wetterwissens«, meinte der deutsche Meteorologe August Schmauß, der unter den Kollegen früherer Generationen wohl am deutlichsten aussprach, was manche fühlten, wenn sie von der prinzipiellen Begrenztheit des Vorher-Wissens und damit von der Selbstverständlichkeit eines Teils (!) der Fehlprognosen überzeugt waren. Die Frage nach dem sicheren Allgemeinen und dem ungewissen Einzelnen beschäftigt die Meteorologie von Anbeginn. Und immer wieder wird sie neu gestellt. Vor 200 Jahren (1788) schon ging Anton Pilgram in Wien der Frage nach, was am ständigen Auf und Ab des Wetters eigentlich gewiß und was nur möglich ist. In seinen immer noch lesenswerten »Untersuchungen über das Wahrscheinliche der Wetterkunde durch vielfältige Beobachtungen« resümiert er, resigniert, wie es scheint: »Wir durchgingen nun Alles, woraus man auf die Witterung etwas schließen kann, durchsuchten alle Spuren einer Wahrscheinlichkeit, hielten bei den Hauptwettergattungen längst verflossener Zeiten, wie den jüngst verstrichenen, bei kurzen Veränderungen aber Beobachtungen mehrerer Jahre gegeneinander,

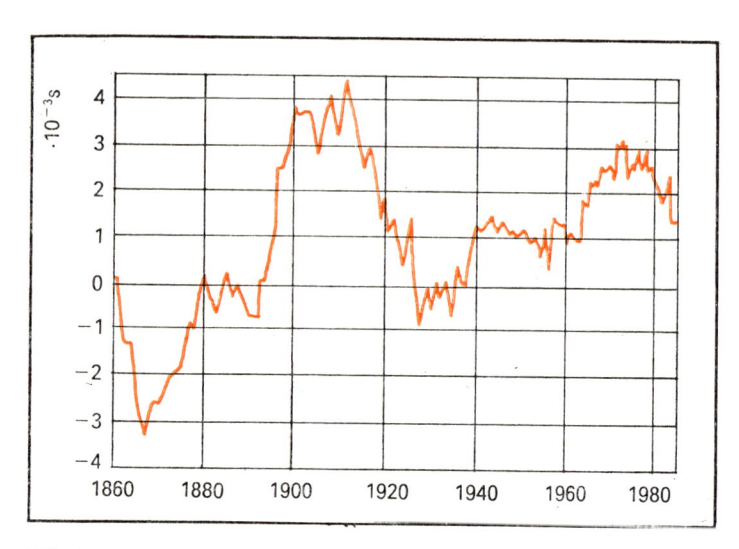

Abb. 14 Die Veränderlichkeit der Länge eines Tages im Zeitraum 1860 bis 1985 als Differenz zur Konstante 86 400 s (nach McCarthy und Babcock, 1986). Erst seit ca. 1920 wird dem Phänomen einer unregelmäßigen Änderung der Erdrotation erhöhte Aufmerksamkeit geschenkt. Immerhin ist seit 1902 die Differenz zwischen der konstanten Atomzeit und der von der Erdrotation abhängigen Universal Time (UT) auf 55 Sekunden angewachsen. Meteorologische Ursachen scheiden aus. Man denkt an eine Abbremsung der Erdrotation infolge der Gezeitenreibung in den Schelfmeeren und an den Küsten. Da aber die Physik dieses Vorgangs noch im Dunklen liegt, können kaum Vorhersagen über unsere genaue Tageslänge gemacht werden!

und was kann man zuletzt daraus schließen? Daß der Winter kälter als der Sommer sei. Dieses ist das Einzige, was sich mit einer Gewißheit bestimmen läßt, alles übrige geht nicht über die Grenzen einer zwar gegründeten, aber einer bloßen Wahrscheinlichkeit ... Es sind die Gegenstände der Wetterkunde so untereinander verflochten, und sie hängen von so vielen Zufällen und Nebenumständen ab, daß sie sich nie mit einer gesicherten Zuversicht vorhersehen lassen ... Was läßt sich hieraus anders schließen, als daß es dem allwissenden Schöpfer ... seine Gestirne, diese fürchterlichen Körper, gewissen und unveränderten Gesetzen, unsere Luft aber, diesen gegen jenen so unbeträchtlichen Teil der Schöpfung, nur solchen Gesetzen zu unterwerfen gefiel, die er oft durch zufällige Umstände abändern läßt, oft selbst willkürlich nach seinen unerforschlichen Ratschlüssen abändert.«

Turbulenz

Alltagssprache und Wissenschaft meinen ausnahmsweise so ziemlich dasselbe, wenn von Turbulenz gesprochen wird: ein regelloses Durcheinander. Die Rauchfahne eines Schornsteins zum Beispiel läßt uns eine wichtige Eigenschaft unserer Lufthülle, der Atmosphäre, erkennen: Die Bewegung der Luft, die wir Wind nennen, erfolgt geordnet *und* ungeordnet, geregelt *und* regellos. Es läßt sich zwar ein mittlerer Strömungsvektor, nämlich Windrichtung und -geschwindigkeit, angeben, aber im einzelnen verläuft dieser Vorgang in undurchschaubar komplizierter, eben turbulenter Weise. Sehen wir uns einmal aufmerksam die wechselnde Gestalt solch einer sichtbaren Abgasfahne oder das Entstehen, Verlagern und Vergehen von Wasserwirbeln an, die etwa durch Abwasserschaum gut sichtbar gemacht werden, und vergleichen sie beispielsweise mit fotografischen Aufnahmen in einem Zeitrafferfilm heutiger Wettersatelliten. Die Ähnlichkeit der Vorgänge verblüfft, obwohl sie sich doch in der räumlichen Erstreckung um vier bis sechs Größenordnungen unterscheiden.

Überall stoßen wir auf turbulente Phänomene: strömendes Wasser in einem Fluß, ein Gebirgsbach bei Hochwasser oder gar die eindrucksvollen Naturschauspiele von Wasserfällen; das unangenehme Rütteln eines Flugzeuges, wenn es Turbulenzzonen durchfliegt, sei es in Wolken oder sogar in klarer, wolkenloser Luft; das rasche Auftürmen einer sommerlichen Gewitterwolke; der Rauch einer Zigarette; das Flackern einer Kerze oder eines Lagerfeuers; das Flimmern der Luft über heißen Flächen usw.

Sogar im Unsichtbaren und ganz Kleinen geht's turbulent zu, denken wir nur an die Moleküle. Luftmoleküle beispielsweise bewegen sich mit einer Geschwindigkeit von etwa 500 m je Sekunde, das sind 1 800 km je Stunde! In der Atmosphäre aber beobachten wir gewöhnlich Windgeschwindigkeiten in der Größenordnung von 10 m je Sekunde, oder es kann sogar einmal windstill sein. Der scheinbare Widerspruch löst sich auf, wenn wir bedenken, daß sich die Moleküle völlig ungeordnet bewegen. In der Summe aller ›einzelnen Willkür‹ aber passiert nichts. Der Schwerpunkt eines Luftpakets bleibt ortskonstant: Es ist windstill. Erst eine ordnende äußere Kraft, horizontale Druckunterschiede etwa, ist in der Lage, diesen Schwerpunkt zu verschieben, was wir dann sofort als Wind wahrnehmen.

Ein anderer Gedanke. Stellen wir uns den Planeten Erde verkleinert als eine Kugel von 1 m Durchmesser vor. Dann schmiegen sich 99,999 % der Lufthülle in einer Haut von weniger als

Abb. 15/16 Turbulente Strukturen sind überall zu entdecken.
Oben: Wolkenwirbel einer großen atlantischen Zyklone
Unten: Spiralgalaxis M 51 im Sternbild Jagdhunde

2,5 mm Dicke um diese Kugel, die von einer mächtigen Sonne im Wechsel von Tag und Nacht impulsartig bestrahlt und aufgeheizt wird. So gesehen muß man sich eigentlich nicht über die Turbulenz als das gleichsam Normale ihrer Luftbewegung wundern, sondern eher darüber, daß für Ordnung und Regel überhaupt noch Platz bleibt!

Turbulente Strömungen werden für technische Zwecke im Windkanal erzeugt, um etwa die Profile von Flugzeugtragflächen oder Fahrzeugkarosserien zu testen. Ohne die turbulenten Randschichten an den Tragflächen könnten Flugzeuge überhaupt nicht fliegen. Man sollte meinen, ein derart allgemeines und auch technisch so wichtiges Phänomen wie die Turbulenz müsse heute physikalisch und mathematisch voll verstanden und beherrscht werden. Dem ist aber nicht so.

Bis vor kurzem galt in der Wissenschaft die Turbulenz als ein Buch mit sieben Siegeln. Neue Erkenntnisse im Verhalten mathematischer Lösungen bei beliebig (!) kleinen Änderungen ihrer Zahlenwerte und neue physikalische Experimente im Labor erwecken indessen den Anschein, als ob einige Siegel aufgebrochen werden konnten.

Am aufregendsten stellt sich der Wissenschaft die Frage nach dem plötzlichen Umschlagen einer zunächst laminaren, d. h. völlig regelmäßigen und deswegen auch vorhersagbaren Strömung in eine turbulente, ungeordnete und daher nicht in allen Einzelheiten vorherbestimmbare Strömungsform. Wie also entsteht Turbulenz? Wird etwa die laminare Strömung lediglich immer komplizierter, bis sie uns schließlich turbulent erscheint? Oder gibt es keinen fließenden Übergang, und Turbulenz entsteht schlagartig als etwas qualitativ anderes, Neues?

Das Bénard-Experiment

Genaueren Aufschluß gab die Wiederholung eines schon um 1900 von dem französischen Physiker Henri Bénard durchgeführten Experiments: Eine dünne Flüssigkeitsschicht – wir können durchaus auch an die vorhin erwähnte 2,5 mm dünne Lufthaut um den 1-m-Globus denken – wird von zwei Platten eingeschlossen, deren untere erwärmt wird. Die erwärmte Flüssigkeit beginnt aufzusteigen, zum Ausgleich muß an anderer Stelle kühlere Flüssigkeit nach unten sinken. Es bildet sich ein walzenförmiges, völlig regelmäßiges Strömungsmuster aus, sofern bei einem Plattenabstand von 1 mm die Temperaturdifferenz 1 K beträgt.

1 keine Strömung (Temperaturdifferenz gering)	
2 konstante Strömung	
3 periodische Strömung	
4 Überlagerung zweier periodischer Strömungen	
5 turbulente Strömung (Temperaturdifferenz groß)	

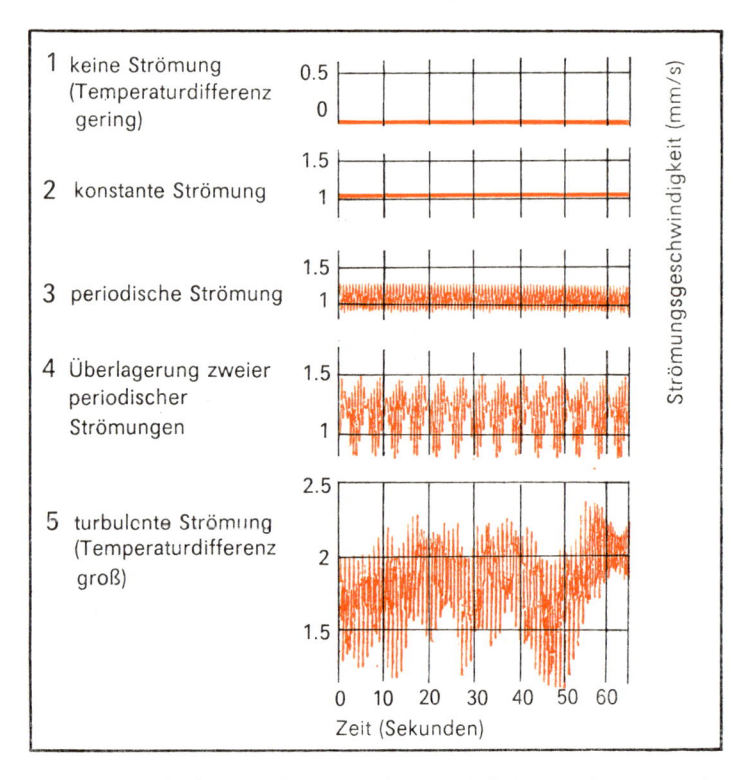

Abb. 17 Entscheidend für das Verständnis der Turbulenz ist die Frage nach ihrer Entstehung. Schlägt eine laminare, also regelmäßige Strömung plötzlich um in eine turbulente? Oder ist der Übergang fließend, wird die laminare Strömung zunehmend komplizierter, bis sie schließlich nur turbulent erscheint?
Aufschluß gab hier eine extrem genaue Durchführung des BÉNARD-Experiments. Die Kurven zeigen den zeitlichen Verlauf der Strömung an einer festen Stelle der BÉNARD-Zelle. Mit zunehmender Temperaturdifferenz zwischen den beiden Platten findet man 5 verschiedene Stadien (s. Text).

Höchste Präzision in der Versuchsdurchführung und modernste physikalische Meßmethoden ließen nun die französischen Physiker Monique Dubois und Pierre Bergé folgende fünf verschiedene Stadien der Bewegung finden:
1/ Bei sehr kleiner Temperaturdifferenz zwischen den beiden Platten bleibt die Flüssigkeit in Ruhe.

2/ Dann setzt die Bénard-Konvektion ein. Die Strömung bleibt dabei zeitlich unverändert, sie zeigt immer dasselbe Muster.
3/ Bei Überschreiten einer zweiten kritischen Temperaturdifferenz beginnt die Strömung periodisch zu pulsieren.
4/ Dann überlagert sich eine zweite periodische Teilströmung der schon vorhandenen. Beide beeinflussen sich zwar gegenseitig, kommen aber nicht aus dem Takt. Die gesamte Strömung ist damit zwar komplizierter geworden, doch bleibt sie noch immer vollkommen vorhersagbar und ist nicht turbulent.
5/ Bei weiterer Erhöhung der Temperaturdifferenz sind nun grundsätzlich zwei Möglichkeiten denkbar:
5 a/ Die erste Möglichkeit entspricht dem traditionellen Bild der Entstehung von Turbulenz. Immer neue periodische Teilströmungen überlagern sich zu einem immer komplizierter erscheinenden Ursachengeflecht, doch bleibt alles im Prinzip vollkommen vorherbestimmbar, auch wenn es einem unbefangenen Beobachter als regellose Turbulenz erscheinen möchte.
5 b/ Es gibt eine kritische Temperaturdifferenz, bei deren Überschreiten die Strömung plötzlich jede Periodizität verliert und turbulent, also nicht mehr vollständig vorhersagbar wird.

Nur eine der beiden Möglichkeiten kann zutreffen. Präzise Experimente ergaben eindeutig: Die Natur entscheidet sich für die zweite Möglichkeit.

Im einzelnen muß man sich das so vorstellen: Im laminaren, nichtturbulenten Fall bleiben einmal benachbarte Flüssigkeits- oder Gasteilchen für immer beisammen. Kleine räumliche Unterschiede bleiben klein, große bleiben groß. In turbulenten Strömen aber werden Teilchen, die zu einem gegebenen Zeitpunkt eng benachbart waren, getrennt, und ehemals entfernte Teilchen können für kurze Zeit zusammengeführt werden. Kleine Differenzen vergrößern sich also, große können sich verkleinern.

Eigentlich klingt alles verständlich, weil es auch unserer Erfahrung entspricht – denken wir beispielsweise an eine festliche Sportveranstaltung, wo in der Mitte der Arena ein Bündel von 100 einzelnen bunten Luftballons aufgelassen wird. Wir beobachten, wie es quirlig auseinanderstrebt, auch wenn vielleicht einige der Luftballons für eine gewisse Zeit enger beisammen bleiben als andere. Aber nach 1 Stunde, gar nach 1 Tag – wie groß mag das Gebiet sein, wo sie niedergehen oder platzen, sie, die ursprünglich auf 5 m² zusammengehörten?

Das Phänomen und das Bild vom turbulenten Auseinanderstreben ehemals eng benachbarter Teilchen kann uns den Schlüssel liefern zum Verständnis ganz ähnlicher Erscheinungen, die dem

Meteorologen seit langem vertraut sind und die er mit verschiedenen Begriffen versah, wie Instabilität bzw. Labilität, Nichtlinearität, Selbstverstärkung (positive Rückkopplung), Fehlerwachstum in mathematischen Modellen, Empfindlichkeit (Sensitivität) mathematischer und natürlicher Systeme gegenüber kleinsten Änderungen, die bis zum Kollaps führen können, usw. Allen diesen zum Teil erst in den letzten Jahren näher untersuchten, außerordentlich aufregenden Erscheinungen mit weitreichenden Konsequenzen ist gemeinsam, daß unter bestimmten Bedingungen kleine Ursachen kleine Wirkungen auslösen, unter anderen Umständen aber kleine Ursachen (Differenzen) große Wirkungen (Unterschiede) hervorrufen.

Instabilität

Einer der gelegentlich noch auftauchenden, früher aber sehr viel häufiger gehörten Vorwürfe an die Meteorologie ist der, daß sie viel zu wenig auf mathematischer Grundlage aufbaue und daß ihre Vorhersagekunst im wesentlichen doch wohl nur Extrapolation und Abschätzung sei und nicht exakte Vorausberechnung. Unweigerlich wird dabei auf die historischen Erfolge der Astronomie, zum Beispiel bei der genauen und immer wieder beeindruckenden Vorherbestimmung des Zeitpunktes und des genauen Ablaufs von Mond- und Sonnenfinsternissen, hingewiesen.

Ein etwas tieferes Eindringen in meteorologische Probleme ergibt jedoch, daß sie ungleich komplexer und daher auch komplizierter sind als jene der Himmelsmechanik. Handelt es sich dort um das Dreikörperproblem der klassischen Massenpunktmechanik, haben wir es hier mit einem Vielfelderproblem der Mechanik der Kontinua zu tun. Gewiß, die Felder von Druck, Temperatur und Wind existieren nicht losgelöst voneinander, sondern sie sind mehr oder weniger miteinander gekoppelt. Aber das ist gerade ein Teil unseres Problems, dieses ›mehr oder weniger‹. Nur für kurze Zeit und über vergleichsweise kleinen Gebieten der Erde nämlich befindet sich die Atmosphäre in einer Art stabilem Gleichgewicht, wo nichts Neues entsteht und wo Bestehendes erhalten bleibt.

In der Regel ist es aber genau umgekehrt. Die infolge der Kugelgestalt der Erde ungleichmäßig verteilte Energiezufuhr durch die Sonne in den Tropen und Polargebieten erzeugt auf der rotierenden Erde einen immer größer werdenden horizontalen Temperaturunterschied, der nach Überschreiten bestimmter Grenzwerte nur noch in Form turbulenter Wirbel – vorübergehend – abgebaut

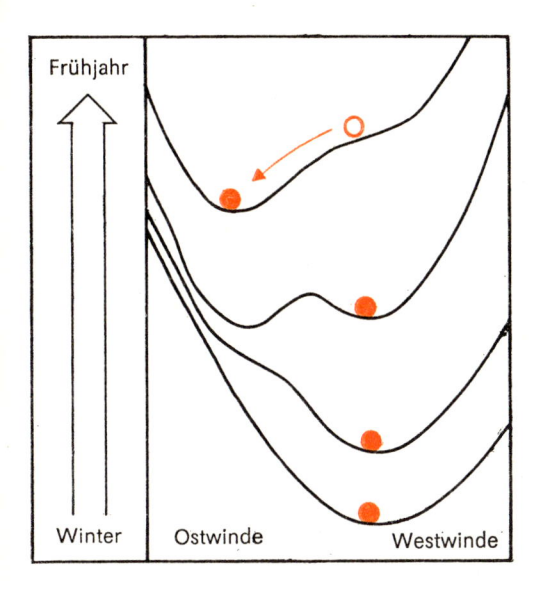

Abb. 18 Manchmal existieren sogar 2 stabile Zustände, zwischen denen der Übergang sowohl allmählich als auch »plötzlich« erfolgen kann. In der Stratosphäre weht im Winter ein westlicher, im Sommer ein östlicher Wind. Der Übergang zur Winterzirkulation vollzieht sich kontinuierlich, dagegen bricht im späten Winter oder zeitigen Frühjahr der Polarnacht-Wirbel abrupt zusammen und mit ihm das stratosphärische Westwindregime. Die Abbildung schematisiert diesen Vorgang des instabilen Umschlagens; die Minima der Kurven entsprechen dem stabilen, die Maxima dem instabilen Gleichgewicht (nach Wakata und Uryu, 1987).

werden kann. Diese großräumigen Wirbel nennt der Meteorologe Zyklonen oder Tiefdruckgebiete, wenn im Wirbelzentrum der tiefste Luftdruck angetroffen wird; andernfalls sprechen wir von Antizyklonen oder Hochdruckgebieten. Beiden Wirbeln, die in der allgemeinen Westwinddrift der gemäßigten Breiten zumeist paarweise angetroffen werden und mit ihr ostwärts wandern, ist gemeinsam, daß sie den horizontalen Luftmassengegensatz vermindern: Polarluft gelangt unter Erwärmung (auf der Nordhalbkugel) südwärts, Tropikluft, sich abkühlend, nordwärts. Kommt der Horizontalaustausch zum Erliegen, genauer: sinkt der horizontale Wärmekontrast unter eine bestimmte Schwelle, erlischt auch die Produktion von ausreichender kinetischer Energie zur Aufrechterhaltung des Wirbels – er löst sich auf, vergeht. Und der

Prozeß des Aufbaus und Abbaus von Temperaturgegensätzen beginnt von neuem.

Instabile Vorgänge und damit die Probleme ihrer schwierigen Vorhersagbarkeit sind auch den Astronomen aus dem Kosmos vertraut, sobald sie das klassische und so erfolgreich modellierte Feld der Kinematik (Bewegung) der Himmelskörper verlassen. Die *Astrophysik* beispielsweise sieht sich den Problemen der Sternentstehung und ihres komplizierten Entwicklungsganges gegenübergestellt, der zumindest in den Phasen der Umwandlung in einen anderen Typ Abschnitte sehr großer Instabilität enthält. Denken wir nur an die Geburtsphase eines Sterns, wo sich unter dem Einfluß der Gravitation Wolken von Gas und Staub im interstellaren Raum verdichten, bis sie sich so stark erhitzt haben, daß Kernreaktionen in der Nähe ihres Zentrums einsetzen. Die Umwandlung von Wasserstoff in Helium macht dann so viel Energie frei, daß der Stern ›leuchtet‹.

Auch das Ende verläuft dramatisch: Ein plötzliches, ›kurzes‹ Aufleuchten (Nova, Supernova) und zurück bleibt ein Weißer Zwerg von geringer Masse und großer Dichte.

Ein Kennzeichen labiler Vorgänge ist das Entstehen von Neuem, was vor allem deswegen verblüfft, weil – scheinbar – geringste Anlässe genügen, um die Wirklichkeit unter Umständen entscheidend zu verändern. In Wahrheit bauen sich, oft unmerklich, über vergleichsweise lange Zeit Gegensätze, Widersprüche auf, die, wenn bestimmte Unverträglichkeits-, Grenz- oder Schwellenwerte nicht überschritten werden, so weit aufgelöst, abgebaut werden können, daß der alte Zustand wieder hergestellt werden kann. Andernfalls genügt der sprichwörtliche Tropfen, der das Faß zum Überlaufen bringt.

Wir haben bewußt sehr allgemein formuliert, was das Wesen instabiler Vorgänge ausmacht, um besser erkennen zu können, daß in allen nur denkbaren Bereichen der Natur und Gesellschaft dieses dialektische Prinzip anzutreffen ist. Jeder Mensch macht selbst Phasen unterschiedlicher Stabilität seines Verhaltens und seiner Entscheidungen durch. In psychologisch stabilen Situationen wirft ihn so schnell nichts um, komme, was kommen mag. In labilen Lebensphasen jedoch genügen oft zufällige Kleinigkeiten, um völlig neue Lebensverhältnisse und -gewohnheiten entstehen zu las-

Abb. 19 Innerhalb der Zone stärkster horizontaler Temperaturgegensätze kann sich eine glatte Westströmung nicht lange halten: Wirbel und Wellen sind bestrebt, die Wärmeunterschiede abzubauen.

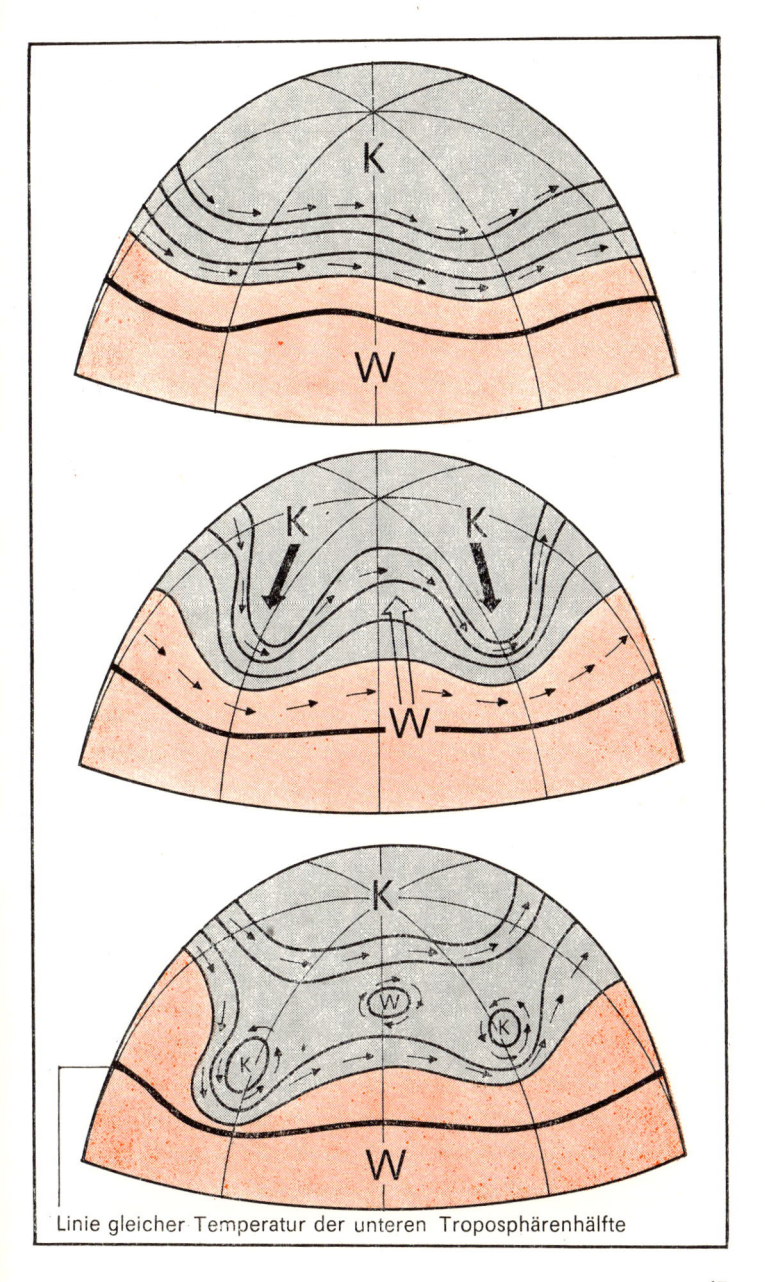

Linie gleicher Temperatur der unteren Troposphärenhälfte

sen. Was für den einzelnen Menschen gilt, trifft prinzipiell auch auf Gruppen und ganze Völker zu. Soziale Widersprüche, eines Tages als unerträglich empfunden, entladen sich in Revolutionen – und meist ist hinterher nichts mehr so wie früher.

Nichtlinearität

Jedes Gewitter, ja jede Schönwetterhaufenwolke ist das Ergebnis instabiler und damit nichtlinearer Umlagerungen nach voraufgegangenem, unsichtbarem Abbau von Stabilität. Um Stabiles zu ändern, bedarf es Energie, je stabiler, um so mehr. Die Sonne liefert sie. Da sie im Sommer mehr davon umsetzt als im Winter, vermuten wir ganz richtig, daß Erscheinungen meteorologischer Instabilität im Sommer häufiger angetroffen werden als im Winter. Ähnliches gilt für Tag und Nacht sowie für Tropen und Polargebiete.

Der Meteorologe, sofern er über Meßdaten (Temperatur und Feuchtegehalt der Luft) aus der freien Atmosphäre verfügt, vermag sehr schnell zu berechnen, welche Lufttemperatur in Bodennähe im Laufe des Tages erreicht werden muß, um beispielsweise Haufen- oder sogar Gewitterwolken entstehen zu lassen. Bei hinreichend störungsfreier Wetterlage, d. h., wenn sich der physikalische Grundzustand der troposphärischen Lufthülle nicht wesentlich ändert, kann er sogar ziemlich genau angeben (sonst eben weniger genau), in welcher Höhe sich die Wolkenbasis befinden und wie hoch hinauf sich die Wolke entwickeln wird.

Wenn man so will, können aber wenige Zehntelgrade Temperaturunterschied in Erdbodennähe darüber entscheiden, ob es den ganzen Tag wolkenlos bleibt oder ob sich für viele Stunden die Sonne hinter dicken Cumuluswolken verbirgt. Geringste, nicht immer meßbare Temperatur- oder/und Feuchteunterschiede in der freien Atmosphäre (vielleicht in 2 000 bis 5 000 m Höhe) können weiterhin darüber bestimmen, ob es bei der flachen Schönwetterhaufenwolke bleibt oder ob sich eine Schauer- oder sogar Gewitterwolke (Cumulonimbus) entwickeln wird.

Ein anderes Beispiel meteorologischer Nichtlinearität von Ursache und Wirkung stellt die sprunghafte Änderung der Phase des Niederschlags dar, also der flüssigen oder festen Form des Wassers. Ob 30 °C oder 10 °C – der Niederschlag wird stets als Regen niedergehen. Ähnliches gilt für negative Temperaturen und Schneefall. Daß es in bestimmten, eher seltenen Fällen auch einmal bei –5 °C unterkühlten Regen (mit sofortiger Glatteisbildung)

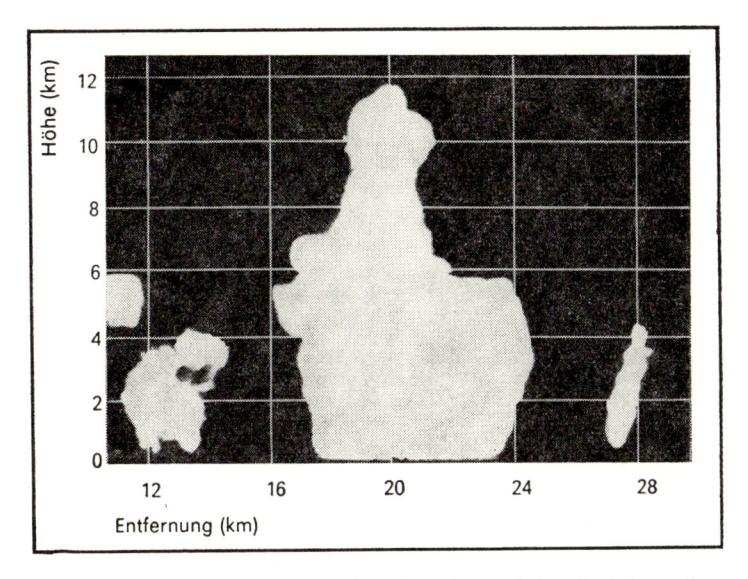

Abb. 20 RHI-Radarbild von einzelnen Cumulus- und Cumulonimbuswolken in der Nähe des Flughafens Berlin-Schönefeld am 23. Juni 1975, 11.05 UTC. Die RHI-Technik vermittelt eine seitliche Ansicht der Radarechos.

und bei +5 °C Schneefall geben kann, ändert nichts an dem Prinzip, daß nur wenige Grade Temperaturunterschied im Gefrierpunktsbereich des Wassers über einen Phasenwechsel entscheiden, der seinerseits wieder weitreichende Folgen mit sich bringen kann.

Es besteht kaum ein Zweifel darüber, daß in manchen Jahren und in bestimmten Teilen Europas der Charakter des Vorwinters, ja des ganzen Winters durch solche im wesentlichen unvorhersehbare Zufälligkeiten und das Prinzip der Selbstverstärkung (positive Rückkopplung) bestimmt werden kann. Sind die Luft- und vor allem die Erdoberflächentemperaturen gerade in einen Bereich abgesunken, wo der erste Schnee auch liegenbleiben kann, so sind bei gering bewölkter oder gar wolkenloser nachfolgender Nacht plötzlich völlig veränderte Ausstrahlungsbedingungen vorhanden, mit dem Ergebnis, daß vor Ort Kälte produziert wird, die wiederum dazu führt, daß erneut aufkommender Niederschlag erst recht als Schnee fallen wird usw.

Auch die Ausbildung so mancher trockener Witterungsabschnitte ist oft das Ergebnis kleiner Ausgangsunterschiede. Wenn es mehrere Tage niederschlagsfrei bleibt, trocknen die obersten Erdschichten ab, die Feuchtezufuhr aus dem Boden wird gedrosselt, der Boden erwärmt sich rascher, die relative Luftfeuchte sinkt. Dadurch wird die Wolkenbildung erschwert, es fällt weniger Niederschlag, und selbst heranziehende normale Wetterfronten schwächen sich ›unerklärlicherweise‹ ab und vermögen die Witterung nicht grundsätzlich zu ändern. Ganz analog kann man sich die Stabilität auch vieler Nässeperioden erklären.

Die schon angesprochene Ähnlichkeit meteorologischer Vorgänge (aber nicht nur dieser!) mit denen des Spiels liegt auf der Hand, und so manche Gedankengänge und Ergebnisse der Spieltheorie sind geeignet, den Charakter meteorologischer Prozesse besser zu verstehen. Auch beim Spiel kennen wir Selbstverstärkungseffekte in dem Sinne, daß der nicht immer durch Leistung, sondern auch dank Fortuna erzielte Erfolg so beflügeln kann, daß weitere Erfolge über einen entnervten Gegner leichter fallen, ja mitunter vorprogrammiert erscheinen. Diese Analogie darf uns nicht verwundern, stellen doch Notwendigkeit (= Regelwerk) und Zufall Grundelemente (und Reiz!) auch des Spiels dar.

Man kann, wenn wir alles bisher Gesagte überdenken, durchaus mit M. Eigen und R. Winkler (1975) zu dem Schluß kommen, daß »alles Geschehen in unserer Welt einem Spiel gleicht, in dem von vornherein nichts als die Regeln festliegen«. Und wie im Spiel gegensätzliche Interessen aufeinanderprallen, so können wir auch beim Wetter actio und reactio, das Wirken physikalischer Vorgänge also mit entgegengesetztem Ergebnis, beobachten und in den Gleichungen der Hydrothermodynamik wiederfinden:

a/ Wenn wärmere Luft herangeführt wird, so neigt sie meist (in etwa $^2/_3$ aller Fälle) zum Aufsteigen, was wiederum zur (adiabatischen) Abkühlung führt, so daß die ursprüngliche ›Absicht‹ teilweise kompensiert wird.

b/ Lokale Aufheizung der Erdoberfläche durch die Sonnenstrahlung führt in der Regel zur Wolkenbildung (Einstrahlung wird gebremst) und unter Umständen zu Niederschlag, der der Erdoberfläche zusätzlich Verdunstungswärme entzieht.

c/ Eine wolkenlose und schwach windige Nacht führt immer zu einer merklichen Abkühlung der Erdoberfläche und der unteren Luftschichten. Diese kann so weit gehen, daß sich Nebel oder Hochnebel bilden, die wiederum die strahlungsbedingte Abkühlung der Erdoberfläche entscheidend bremsen.

Im Phänomen der Wolken- bzw. Nebelbildung, d. h. der ›plötzlichen‹ Kondensation von Wasserdampf beim Erreichen und Unterschreiten der Taupunktstemperatur der Luft, entdecken wir übrigens noch einen meteorologischen Prozeß hoher Nichtlinearität

Abb. 21 Bifurkation und Bistabilität bezeichnen ein System mit 2 stabilen Zuständen. In der Nähe kritischer Werte eines bestimmten Parameters wird es instabil, d. h., auch Zufälle könnten Entscheidungen herbeiführen.
Auch im menschlichen Wahrnehmen gibt es solche Kippsituationen, wie obiges Bild zeigt, wo man entweder eine junge oder eine alte Dame erblickt.

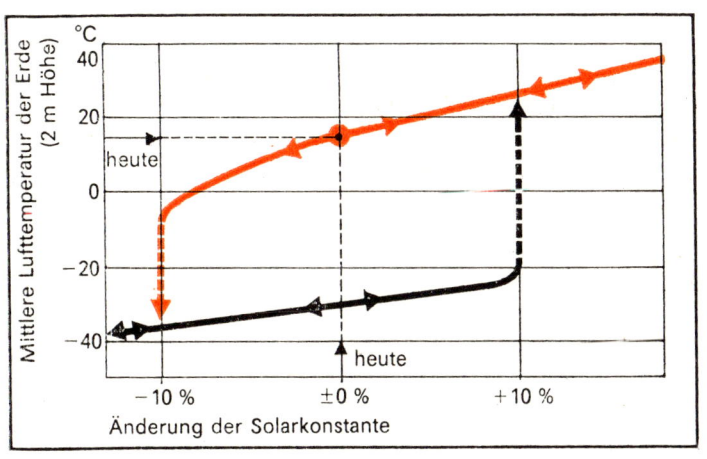

Abb. 22 Neuere mathematische Klimamodelle legen den Gedanken nahe, daß unser Klima gegenüber geringfügigen Änderungen seiner Einflußgrößen – hier die Solarkonstante – unempfindlicher und stabiler ist als früher befürchtet; dennoch scheint es kritische Grenzwerte zu geben, bei deren Überschreitung die Gefahr eines »raschen« Klimasturzes in den anderen stabilen Zustand sprunghaft wächst (nach v. Oerlemans und van den Dool, 1978).

mit weitreichenden Folgen. Diese rühren vor allem daher, daß mit einsetzender Kondensation ›schlagartig‹ Energie in Gestalt der Kondensationswärme freigesetzt, genauer: umgewandelt wird.

d/ Auch der schon erwähnte Aufbau und Abbau eines überkritischen horizontalen Temperaturgegensatzes zwischen Tropen und Polarregionen gehören zum Spiel von actio und reactio.

Somit befindet sich auch die Atmosphäre in einem ewigen Kreislauf zwischen dem Entstehen und der – vorübergehenden – Lösung von Widersprüchen. Man gewinnt dabei den Eindruck, als ob es in der Aufbauphase im wesentlichen linear zugeht, d. h., kleine Ursachen auch nur kleine Wirkungen erzeugen. Mit größer werdendem Gegensatz wächst aber die Instabilität und damit die Neigung der Atmosphäre zu nichtlinearen, unter Umständen dramatischen Änderungen hin zu einem stabilen Gleichgewicht, das mitunter ein völlig anderes sein kann als der voraufgegangene stabile Ausgangszustand.

Deterministisches Chaos

Vielleicht seit Demokrit verbindet die Wissenschaft mit seiner Atomhypothese einen allgemeinen Gedanken, der ihr den Zugang zum allgemeinen Weltverständnis offenhalten soll. Er läßt sich etwa auf die Formel bringen: Alles Komplizierte ist aus einfachen Bestandteilen zusammengesetzt. Da nur wir Menschen es sind, die, nachdenkend, Einfaches und Kompliziertes unterscheiden, gehen wir gewöhnlich in zwei Schritten vor:
a/ Beschreibung einfacher Bausteine des Komplizierten
b/ Beschreibung der Architektur, nach der sich die Bausteine zum Komplizierten zusammenfügen.
Bis vor kurzem, sagen wir, bis Ende der 50er, Anfang der 60er Jahre unseres Jahrhunderts, war man eigentlich fest davon überzeugt, daß die Hauptprobleme weiterer Erkenntnis ›nur‹ noch im Auffinden des Architekturplanes liegen, wonach sich komplexe Systeme bilden, erhalten und weiterentwickeln. Allenfalls das Fehlen größerer und schnellerer Computer käme noch in der Liste der Schwierigkeiten hinzu.

Abb. 23 Ein viel diskutiertes Beispiel eines diskreten dynamischen Systems ist folgende »Standard-Abbildung«:

$x_{i+1} = x_i + y_i + \varepsilon \cdot \sin x_i \; ; \; y_{i+1} = y_i + \varepsilon \cdot \sin x_i.$

x_i und y_i sind die Komponenten des Punktes z_i, der modulo 2π in obige Quadrate für alle i eingetragen wurde. Für den kleinsten ε-Wert (a) ist das Quadrat fast vollständig mit Kurven (= Trajektorien, Lösungen) angefüllt. Aber bereits in (b) mit $\varepsilon = 0.63$ treten »chaotische Bänder« auf, Lösungen, die *willkürlich,* unvorhersehbar verteilt sind. Mit anwachsendem ε erschlägt das Chaos jede erkennbare Ordnung!

a ε = 0,19

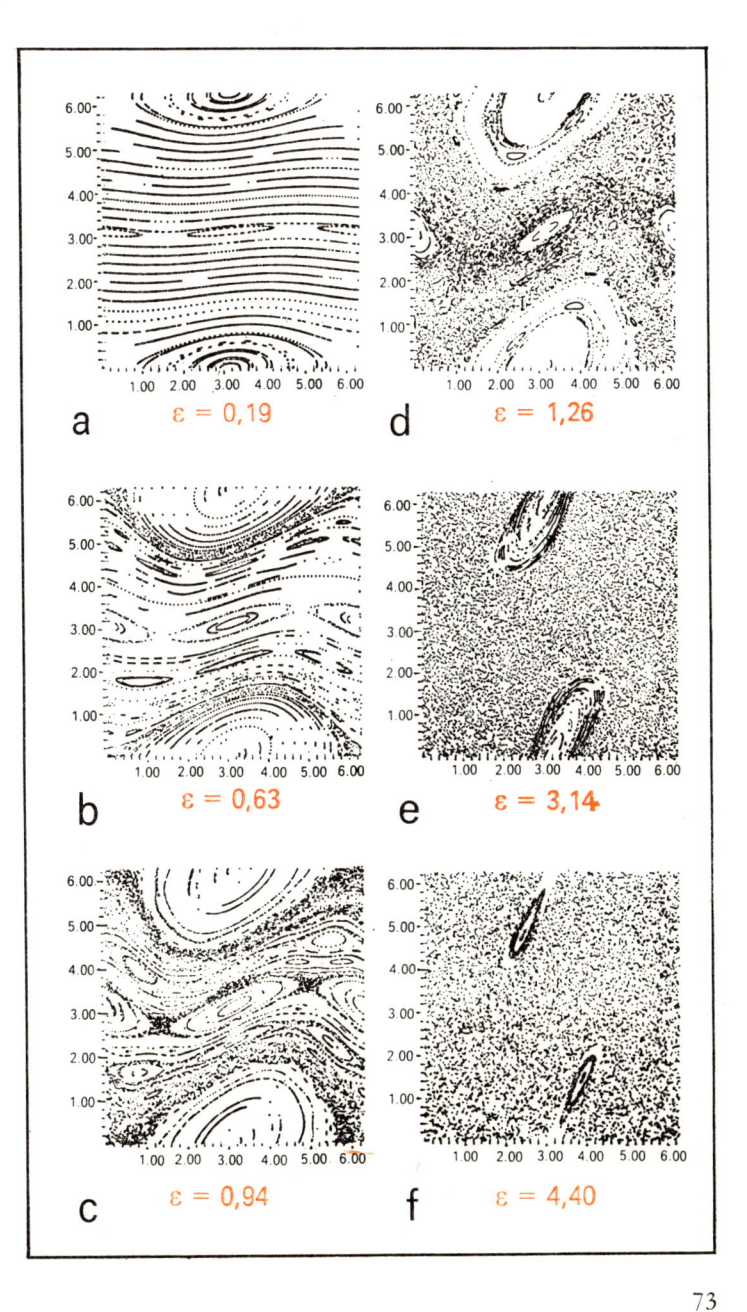

b ε = 0,63

c ε = 0,94

d ε = 1,26

e ε = 3,14

f ε = 4,40

Das genaue Studium selbst einfachster deterministischer Gleichungen, die seit den Zeiten der mit Newton beginnenden klassischen Mechanik wohlbekannt sind, ließ aber vor allem in den letzten 10 Jahren zur allgemeinen Verblüffung erkennen, daß mindestens zwei wichtige mathematische Sätze nicht so allgemein gelten wie immer angenommen.

Da ist zunächst der Satz von Picard-Lindelöf, der im wesentlichen das Credo des ›Laplaceschen Dämons‹, das ›deterministische Glaubensbekenntnis‹, zum Ausdruck bringt: Aus der Kenntnis des Systemzustandes x_0 zum Zeitpunkt t_0 und der das System beschreibenden Differentialgleichungen F läßt sich *eindeutig* das Verhalten des ganzen Systems berechnen. So geht es in der Astronomie und der Physik in der Tat fortlaufend zu: Man löst die entsprechenden Differentialgleichungen zu einer bestimmten Anfangsbedingung, um den Stern von Bethlehem zu rekonstruieren oder die nächste Sonnenfinsternis vorherzusagen.

Bei dieser Gelegenheit sei zugleich darauf aufmerksam gemacht, daß alle Grundgesetze und Grundgleichungen der Physik zeitsymmetrisch sind, d. h., es spielt keine Rolle, ob in den Gleichungen t oder –t betrachtet wird. Die Grundgleichungen der Physik kennen also keine Richtung der Zeit, sie unterscheiden nicht zwischen Vergangenheit und Zukunft, obwohl doch 200 Jahre nach Newton von Max Planck erkannt wurde, daß es eigentlich überhaupt keinen (makrophysikalischen) Vorgang in der Natur gibt, der zeitlich umkehrbar ist. Es gibt nämlich Ereignisketten, deren Teilereignisse nie in umgekehrter Reihenfolge ablaufen können, d. h., sie verlaufen irreversibel.

Denken wir nur an die Ausbreitung elektromagnetischer oder akustischer Signale, den Wurf eines Steines, an Zeugung und Tod alles Lebendigen, an Vulkanausbrüche, Erdbeben, an den ›Lebenszyklus‹ meteorologischer Wirbel von Windhosen, Tornados und Hurrikanen bis zu den gewaltigen Sturmtiefs in den außertropischen Breiten. Bei weiterem Nachdenken über diese mit einem ›Zeitpfeil‹ versehenen Vorgänge wird übrigens klar, daß es aussichtslos erscheint, aus der Gegenwart die Vergangenheit in allen Einzelheiten erschließen zu wollen, was zum Beispiel das Hauptanliegen der Kosmogonie ist, der Wissenschaft von der Entstehung und Entwicklung des Universums.

So wie den Meteorologen immer klarer wird, daß Wetter und Klima nie ohne einen Rest von Unsicherheit in die *Zukunft* zu prognostizieren sein werden, so haben die Kosmosforscher kaum noch Zweifel daran, daß es grundsätzlich nicht möglich sein wird, von dem heutigen Zustand eines kosmischen Systems eindeutig auf seine *Vergangenheit* zu schließen, ›nur‹ stochastische Aussagen, d. h. Wahrscheinlichkeitsaussagen, spiegeln die beschränkte Erkenntnissituation angemessen wider. Am Rande sei erwähnt, daß statistische Modelle im Gegensatz zu den deterministischen eine Zeitrichtung bevorzugen, nämlich die von kleineren zu größeren Zeiten führende.

Doch zurück zu dem anderen mathematischen Theorem, dem Satz von der stetigen Abhängigkeit der Lösung von der Anfangsbedingung: Ändert sich x_0 nur wenig, so ändert sich der Verlauf der Lösung (Trajektorie) über eine lange, aber im allgemeinen beschränkte Zeitstrecke ebenfalls nur wenig.

Daß viele meteorologische Erscheinungen in der Wirklichkeit dieses Stetigkeitsprinzip nicht befolgen, wissen wir inzwischen – die mehrfachen Instabilitäten in der Atmosphäre verhindern dies.

Das Aufregendste, was im Moment in der mathematischen, sprich deterministischen Modellierung der Natur passiert, ist, zu erkennen, daß es Systeme von einfachster Struktur gibt, die ›chaotisches‹ Verhalten zeigen. Damit soll die aufmerksamen Naturbetrachtern bekannte und auch den Stochastikern, d. h. denen, die die Natur mit den Methoden und der Denkhaltung der mathematischen Statistik und Wahrscheinlichkeitstheorie modellieren, vertraute Tatsache bezeichnet werden, daß gleiche Ursachen zwar immer noch gleiche Wirkungen haben, daß aber sehr ähnliche, jedoch ungleiche Ursachen zu radikal verschiedenen Wirkungen führen können. Dabei scheint der Typ oder die Quelle der ›Fluktuationen‹ bzw. Ungenauigkeit bzw. Differenz zwischen ›gleich‹ und ›ähnlich‹ nicht die entscheidende Rolle zu spielen, was uns der nächste Abschnitt zeigen soll.

Ein Lorenz-Experiment

Der amerikanische Meteorologe Edward N. Lorenz zählt neben Max Born, Werner Heisenberg, Philip D. Thompson und A. M. Obuchow zu den ersten, die die Allgemeingültigkeit des deterministischen Konzepts auch für den Makrokosmos, d. h. für Prozesse mit charakteristischen Größenordnungen weit außerhalb des molekularen Mikrokosmos, ins Wanken brachten. Anfang der 60er Jahre beschäftigte er sich besonders mit der Vermutung einer evtl. natürlichen, d. h. prinzipiellen Grenze der Vorhersagbarkeit meteorologischer Vorgänge.

Diese Vermutung drängte sich damals besonders all jenen auf, die sich mit den Problemen der Turbulenz beschäftigten, aber auch mit anderen natürlichen Vorgängen, deren zeitliche und räumliche Schwankungen irregulär, d. h. ohne erkennbare Ordnung, in Erscheinung treten. Nichts deutete darauf hin, daß diese Unordnung aus der atomaren Wärmebewegung zu verstehen oder durch ›äußere‹ stochastische Einflüsse erklärbar wäre. Obwohl als Deterministen mit dem objektiven Zufall auf nicht besonders gutem Fuß stehend, gelangte man bereits zu der in ihren Konsequenzen für Natur und Gesellschaft kaum vorstellbaren Vermutung, daß der zeitliche Ablauf makroskopischen Geschehens selbst bei einfachsten Strukturzusammenhängen so irregulär sein kann, daß Teilaspekte vom konventionellen »Zufall« nicht mehr zu unterscheiden seien. Und Born formulierte 1959: »Wenn eine epsilon-unscharfe Anfangsverteilung nach endlicher Zeit eine von epsilon unabhängige Breite hat, ist die Zukunft trotz deterministischer Gleichungen unvorhersagbar.« (Epsilon meint eine beliebige, auch beliebig kleine Zahl.)

Genau an diesem Punkt setzte Lorenz an und studierte intensiv das Verhalten einfacher dynamischer Systeme. Das wohl einfachste nichtlineare System, das man sich für so ein Experiment ausdenken kann, könnte wie folgt formuliert werden:

$$Y(n+1) = a \cdot Y(n) - Y^2(n).$$

Gestartet wird mit $n = 0$, man benötigt also den Anfangswert $Y(0)$. Damit läßt sich, wenn außerdem die Konstante a bekannt ist, die Lösung für $Y(n+1)$ berechnen. Diese Lösung (von der linken Seite) wird als nächster Wert für $n = n + 1$ auf die rechte Seite gebracht und in die Gleichung eingesetzt; damit läßt sich $Y(2)$ berechnen usw. Zu diesem Iterationsprinzip einer schrittweisen Berechnung muß immer dann gegriffen werden, wenn die mathematischen Gleichungen so kompliziert sind, daß sie nicht mehr analytisch für den Endschritt $n + t$ hingeschrieben und ausgerechnet werden können. Auf dieses (nicht nur) für die Meteorologen typische Problem werden wir noch gesondert an anderer Stelle eingehen.

Die oben angeführte einzelne quadratische Differenzengleichung 1. Ordnung enthält die Konstante a. Wenn a zwischen 0 und 4 liegt und der Startwert $Y(0)$ zwischen 0 und a, erzeugt diese Gleichung eine Folge von $Y(0), Y(1), Y(2), Y(3), \ldots$ mit $Y(m)$ zwischen 0 und a für alle denkbaren Werte von m.

Es existieren nun die verschiedensten Quellen von ›Unschärfe‹, von Ungenauigkeit, die unter realen Bedingungen nicht immer und nicht vollständig auszuschalten sind und deswegen – wenigstens teilweise – den Charakter von unvermeidlichen Fluktuationen als

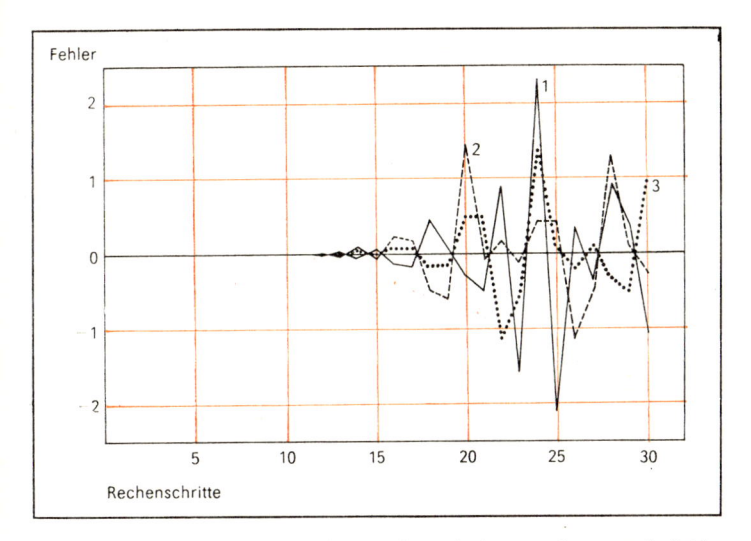

Abb. 24 Selbst einfachste mathematische Gleichungen können »kollabieren«, wenn kleinste Fehler in irregulärer Weise anwachsen und die Lösungen überwuchern. Es spielt dabei keine Rolle, ob die Ungenauigkeiten von den Beobachtungswerten herrühren (1) oder von der physikalischen Modellierung (2) oder vom Computer (3) (nach Lorenz, 1984).

eine Erscheinungsform des objektiven Zufalls annehmen können. Unterscheiden sollte man wohl zwischen Beobachtungsfehlern und Modellfehlern. Erstere verwischen die Schärfe des Anfangszustandes, gleichgültig, ob es sich um Fehler des Beobachtungssystems oder um Mängel in der Repräsentativität der Messung für den Ort s und den Zeitpunkt t handelt. Modellfehler entstehen hauptsächlich durch mathematische Näherungsverfahren, zu denen gegriffen werden muß, um überhaupt eine Lösung zu erhalten, durch physikalische Näherungen und durch computereigene Trunkation, d. h. die Notwendigkeit, mit Zahlen einer endlichen Anzahl von Dezimalstellen rechnen zu müssen.

Lorenz simulierte nun die Effekte folgender drei unterschiedlicher Fehlerquellen:

1/ Beobachtungsfehler. Zum ›wahren‹ Anfangswert $Y(0) = 1{,}5$ wurde ein sehr kleiner Fehler $= 0{,}001$ addiert. Man kann zeigen, daß die nach nur wenigen Rechenschritten auftretenden chaotischen Effekte bei *beliebig* kleinem Fehler eintreten, also auch bei

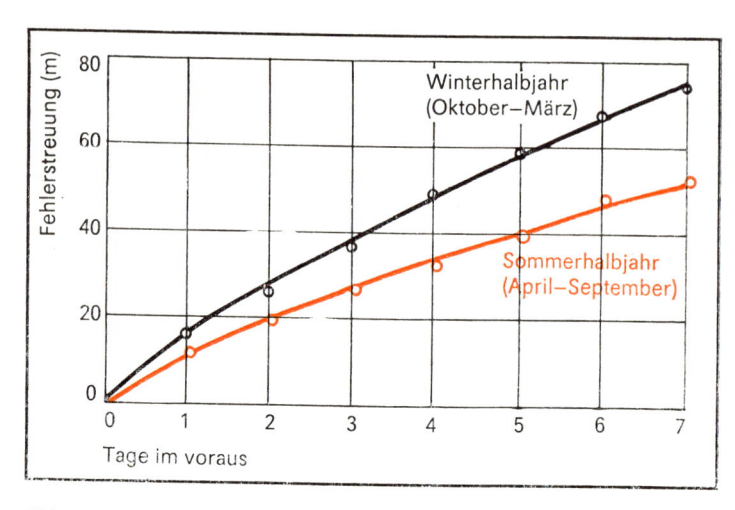

Abb. 25 Die Fehler in der mathematischen Vorhersage des europäischen Bodendruckfeldes (hier als Höhenfehler der 1 000-hPa-Topographie) im Jahr 1985 steigen regulär mit der Anzahl der numerischen Integrationsschritte bzw. mit zunehmender zeitlicher Vorhersagedistanz. Vor allem infolge größerer *advektiver* Änderungen wachsen die Fehler im Winter schneller an als im Sommer (nach ECMWF, 1986).

Differenzen, die weit unterhalb der praktischen Meßgenauigkeit meteorologischer Grundgrößen liegen!
2/ Eine physikalische Näherung kann simuliert werden, indem beispielsweise die ›Naturkonstante‹ a = 3,7500 nicht genau bekannt ist und durch den Wert 3,7510 angenähert wird.
3/ Die Auswirkungen unterschiedlicher, computerspezifischer Rundungen werden dadurch untersucht, daß statt mit vier nur mit drei Dezimalstellen gerechnet wird.

Das Ergebnis verblüfft: Zunächst, d. h. etwa bis zum zehnten Rechenschritt, stimmen die Lösungen aller drei ›gestörten‹ Gleichungen untereinander und mit der ›wahren‹ Lösung überein. Nach weiteren zehn Rechenschritten erkennt man ein völlig irreguläres Verhalten jeder einzelnen Lösung in jeder der drei Varianten. Und Lorenz kommt zu dem Schluß, daß es, solange die Fehler nicht zu groß sind, keine Rolle spielt, an welcher Stelle sie ins Modell eindringen bzw. welchen Ursprungs sie anfänglich einmal waren.

Natürlich wissen wir, daß dieses einfache Experiment nicht den Anspruch erheben kann, als Modell der atmosphärischen Bewegungen zu gelten. Aber in vielen Modellen der Meteorologie tauchen solche nichtlinearen Terme auf, wenn es um die Beschreibung von Advektion geht, also der Verlagerung bestimmter physikalischer Eigenschaften, wie Temperatur, Feuchte, Maße der Verwirbelung (Vorticity) usw. Diese Terme sind ebenfalls quadratisch und enthalten das Produkt aus advehierter Größe und dem Wind, der die Advektion verursacht und ausführt. Man kann nun zeigen, daß gerade diese Terme verantwortlich sind für das unvermeidliche Anwachsen kleiner Ungenauigkeiten zu immer größer werdenden Fehlern zwischen Modell und Wirklichkeit, je mehr Zeitschritte berechnet werden.

Es könnte nun der pessimistische Eindruck entstehen, als sei überhaupt nichts mehr vorhersagbar, wenn die Modelle nach einer bestimmten Anzahl von Zeitschritten in Zukünfte vorstoßen, wo es nur noch irreguläre Oszillation der berechneten meteorologischen Elemente gibt. Wenn wir jeden einzelnen zukünftigen Zeitpunkt im Auge haben, d. h. eine beliebig kleine zeitliche Auflösung bzw. Detaillierung erwarten, dann entspricht dieser Pessimismus genau der realistischen Sicht auf das, was wirklich möglich ist, und das, was unmöglich ist.

Aber es könnte sein, daß die Fehler nur im Vorzeichen auf- und abschwanken, so daß *Mittelwerte über viele Zeitschritte* – je nach Modell wären es Stunden oder Tage – vorhersagbar sind, obwohl es die vielen Einzelwerte nicht sind. Genau dies ist aber zum Beispiel der Fall, wenn der Durchzug eines Sturmtiefs zwischen dem 5. und 7. Folgetag vorhergesagt wird, ohne daß wir genau wissen, zu welcher Stunde an einem bestimmten Ort sich dies ereignen wird.

Eben diese Möglichkeit des Modellverhaltens ist es, was uns hoffen läßt, eines Tages auch langfristige Monats- und Jahreszeiten- sowie Klimavorhersagen erzeugen zu können.

Vom heutigen Stand objektiver (computergestützter dynamischer und statistischer Methoden) und subjektiver, insbesondere synoptischer Wettervorhersagen, von den Prinzipien ihrer Erzeugung und Kombination sowie von erkennbaren Möglichkeiten ihrer weiteren Verbesserung soll im nächsten Kapitel die Rede sein.

3. KAPITEL

Wettervorhersage –
Praxis, Prinzipien und Probleme

Immer und überall wird der Mensch in vielen seiner Aktivitäten vom Wetter beeinflußt. Manche versuchten daher, das Wetter genauer zu beobachten, um aus der Aufeinanderfolge verschiedener Wetterzustände und anderer Anzeichen Rückschlüsse auf Zukünftiges zu erlangen und daraus Nutzen für viele lebensnotwendige Handlungen zu ziehen. Die Erfindung und ständige Vervollkommnung der Beobachtungsinstrumente und die technischen Möglichkeiten eines raschen Nachrichtenaustausches machten es auch praktisch möglich, ein Netz meteorologischer Stationen aufzubauen, die rund um die Uhr in systematischer und einheitlicher Weise das Wetter, genauer: einige seiner wesentlichen Teile beobachten. Nach einem zögernden und bescheidenen Beginn in der Mitte des 19. Jahrhunderts, vor allem in Europa und den USA, arbeitet nunmehr ein weltweites Netz. Als deren Beobachtungen gesammelt und nach der synoptischen Methode – viele Wetterelemente von vielen Orten zu einem Zeitpunkt – dargestellt wurden, eröffneten sich erstmals reale Chancen einer dem Problem angemessenen Wetterdiagnose und -prognose.

Kurzer Rückblick

Die Vorhersagetechnik, die ein Jahrhundert lang die Prognosekunst bestimmte, beruhte hauptsächlich auf dem Studium charakteristischer ›Muster‹, die sich in den Bodenwetterkarten abbildeten. Tief- und Hochdruckgebiete sowie Frontensysteme wurden identifiziert und mit Wolken, Regen, Wind und Temperatur in Zusammenhang gebracht. Vor einem halben Jahrhundert kamen Höhenwetterkarten hinzu, die den Meteorologen vor allem die wellenartigen Strömungen der Atmosphäre in Gestalt der Hochdruckrücken und Tiefdrucktröge offenbaren, die sehr häufig die Bodenmuster und damit das Bodenwetter ›steuern‹. Diese Höhenkarten, z. B. aus den Luftdruckniveaus 500 und 300 hPa, werden konstruiert mittels Windmessungen aus der freien Atmosphäre (ein Pilotballon mit Reflektor wird mit Radar verfolgt, meist viermal am Tage) und Radiosondendaten von Temperatur, Luftdruck und -feuchte, meist ein- oder zweimal täglich. Die Abbildung auf den Seiten 84/85 zeigt das operative Netz etwa Mitte der 70er Jahre. Es läßt die unerwünscht großen Unterschiede in der Meßdichte auf der Nord- und Südhalbkugel klar erkennen.

Die synoptische Vorhersagemethode vertraut vor allem auf die Fähigkeit, Trends und Änderungen von Trends zu erkennen. Eigentlich stellt die Vorhersage dann nichts anderes dar als eine Extrapolation dieser Trends hin zu einer Vorstellung, z. T. auch graphischen Konstruktion künftiger Muster in den Boden- und Höhenwetterkarten. Dies praktisch durchzuführen erweist sich als ziemlich schwierig, da doch sehr viele Wetterelemente und -strukturen über einem recht großen Teil der Erde ›befragt‹ werden müssen. Und nicht immer geben sie uns eine klare Antwort. Außerdem werden neue Wirbel ›geboren‹ und ›gealterte sterben‹. Extrapolationen nur aus der Vergangenheit heraus können also wirklich nur eine erste Näherung sein, die im Mittel ihre Brauchbarkeit für Vorhersagen von mehr als 2 Tagen erschöpft. Nach diesem Schritt verbleibt dann dem Synoptiker noch die Aufgabe, mit bestimmten Mustern und ihrer ›Lebensgeschichte‹ ein konkretes Wetter für einen bestimmten Ort zu einem bestimmten Zeitpunkt zu verbinden.

Auch andere Techniken statistischer oder empirischer Natur wurden entwickelt und verwendet, um bestimmte synchrone, aber auch zeitverschobene Zusammenhänge zwischen Wetterkarte und Wetter zu ›objektivieren‹ und zu algorithmisieren, d. h., in feste Regeln zu fassen. Klimatologische Auswertungen unterstützen den Synoptiker, indem sie ihm interessante Informationen über mittleres und wahrscheinlichstes Wetter sowie dessen Spielraum an die Hand geben. Empirische Modelle und Faustregeln sind im Zusammenhang mit der Extrapolationstechnik (noch) von erheblichem praktischem Wert, doch vermögen sie nur geringe Einblicke in die physikalischen Gesetze atmosphärischer Bewegungen zu vermitteln.

Erst die kühne Idee und später der erfolgreiche Versuch, die von der Physik her bekannten Gesetze der Thermohydrodynamik auf die irdische Atmosphäre anzuwenden, ließen die Mechanismen eines sehr komplexen dynamischen Systems erkennen.

Erst Diagnose – dann Prognose

Am Anfang jeder praktischen Wettervorhersage, sei sie synoptisch oder mathematisch ausgerichtet, steht die möglichst vollkommene Kenntnis des atmosphärischen Zustandes hinsichtlich Raum, Zeit und der Vielfalt seiner Elemente bzw. Variablen (Temperatur, Feuchte, Wind,...). Solange die Datenarmut über den Ozeanen – vor allem ein Problem der Südhalbkugel – nicht entscheidend verringert werden konnte, solange war auch für uns Mitteleuropäer an eine merkliche Verbesserung der mittelfristigen Wettervorhersage, also über 2 Tage hinaus, nicht zu denken. Man konnte nämlich zeigen, daß mit wachsender zeitlicher Vorhersagedistanz das Gebiet, von dem aktuelle Wetterinformationen vorliegen müssen, immer größer werden muß.

Zur Vorhersage für 1 Stunde im voraus genügt es gewöhnlich, zu wissen, wie das Wetter in der näheren Umgebung ist. Für 1 Tag im voraus benötigt man schon Daten aus ganz Europa, für 2 bis 4 Tage müssen aktuelle Beobachtungen vom Nordpol bis zum Äquator und von Mittelasien bis zu den amerikanischen Großen Seen vorliegen. Um 5- bis 7tägige Prognosen zu erzeugen, werden schon globale (!) Datensätze benötigt, d. h., Vorgänge über dem Südatlantik können innerhalb dieser Zeitspanne, meist indirekt, Einfluß nehmen auf die atmosphärische Zirkulation unserer Breiten.

Die neuen Beobachtungstechniken der letzten Jahrzehnte, wie Wetterradar, automatische Stationen, Ozeanbojen, in konstanten Druckniveaus der freien Atmosphäre driftende Ballone, vor allem aber die Wettersatelliten, waren geschaffen und geeignet, die immer beklagten Beobachtungslücken entscheidend zu schließen. Die den Meeresströmungen ausgesetzten Bojen – aus Kostengründen messen sie meist nur Luftdruck und Temperatur – und die frei driftenden Ballone werden durch Satelliten abgefragt, die diese Daten an die Empfangszentralen weiterleiten. Die Satelliten laufen entweder über beide Pole auf sonnensynchronen Bahnen, d. h., sie halten Schritt mit der scheinbaren Westwärtsbewegung der Sonne, oder sie sind geostationär, d. h. ständig über dem gleichen Ort am Äquator. Sie erzeugen Fernsehbilder von Wolken im sichtbaren und infraroten Spektralbereich und messen die Strahlung in verschiedenen Wellenlängen (Infrarot bis Mikrowellen), anhand derer unter anderem vertikale Temperaturprofile der Atmosphäre bestimmt werden können. Schließlich schuf die Entwicklung der Rechentechnik die andere entscheidende Voraussetzung dafür, die ununterbrochen (!) neu anfallende Datenflut überhaupt zu handhaben und zu verarbeiten. Deshalb spielen in den meisten meteorologischen Diensten der Welt heutzutage Computer für die unterschiedlichsten Zwecke eine wichtige Rolle.

Das Wetter an jedem beliebigen Ort der Erde ist das Ergebnis atmosphärischer Bewegungen, und diese Bewegungen werden durch physikalische Gesetze gesteuert, die sich in mathematischen Gleichungen ausdrücken lassen. Mit ihnen sind wir in der Lage, das Verhalten der Atmosphäre zu simulieren bzw. zu modellieren. Vorausgesetzt nun, wir kennen zu einem bestimmten Zeitpunkt die Start- oder Anfangswerte aller wesentlichen atmosphärischen Variablen, wie Wind, Druck, Temperatur und Feuchte, in der gesamten Atmosphäre, so erscheint uns die Vorhersage der zukünftigen Entwicklung der Atmosphäre und ihrer Wettersysteme als eine reale Möglichkeit. Jedoch selbst für die allereinfachsten Modelle mit einer eigentlich unerlaubt radikalen ›Vergewaltigung‹ der Natur müssen so viele mathematische Operationen ausgeführt werden, daß nur Hochgeschwindigkeitscomputer eine Chance haben, mit dem Wetter Schritt zu halten.

V. Bjerknes, der Direktor des neuen Geophysikalischen Instituts in Leipzig, der 1904 erstmals das Konzept einer mathematischen Vorausberechnung des Wetters entworfen hatte, war 1913 noch bereit, diese Aufgabe als gelöst zu betrachten, wenn er das Wetter von einem Tag zum anderen vorausberechnen könne, selbst wenn er dazu viele Jahre benötigen würde. »Viele Jahre braucht man«, sagte er, »um einen Tunnel durch einen Berg zu bohren; später dann kann man ihn im Expreßzug durchqueren.«

L. Richardson, wie wir wissen, fing an zu bohren. Im Jahre 1922 beschrieb er, wie er die Änderung des Atmosphärenzustandes über Europa mittels der Bjerknesschen Grundgleichungen und einer numerischen (nicht graphischen, woran Bjerknes dachte) Integrationsmethode berechnet hatte. Er benötigte mehrere Jahre, um eine 6stündige Vorhersage des Druckfeldes – nicht des Wetters! – aufzustellen. Heutzutage leisten dies die Computer – die Bjerknesschen Expreßzüge! – in wenigen Minuten oder gar Sekunden.

Mit einem perfekten Modell und perfekten Beobachtungen zum Anfangszeitpunkt würde das vorausberechnete Feld meteorologischer Variablen identisch sein mit dem beobachteten Feld zu jenem späteren Zeitpunkt, und wir könnten uns vorstellen, daß eines Tages die ungeheuer großen Aufwendungen zur Wetterbeobachtung überflüssig werden.

Abb. 26 (S. 84/85)   Das weltweite Netz aerologischer Stationen um 1975

30° Nord

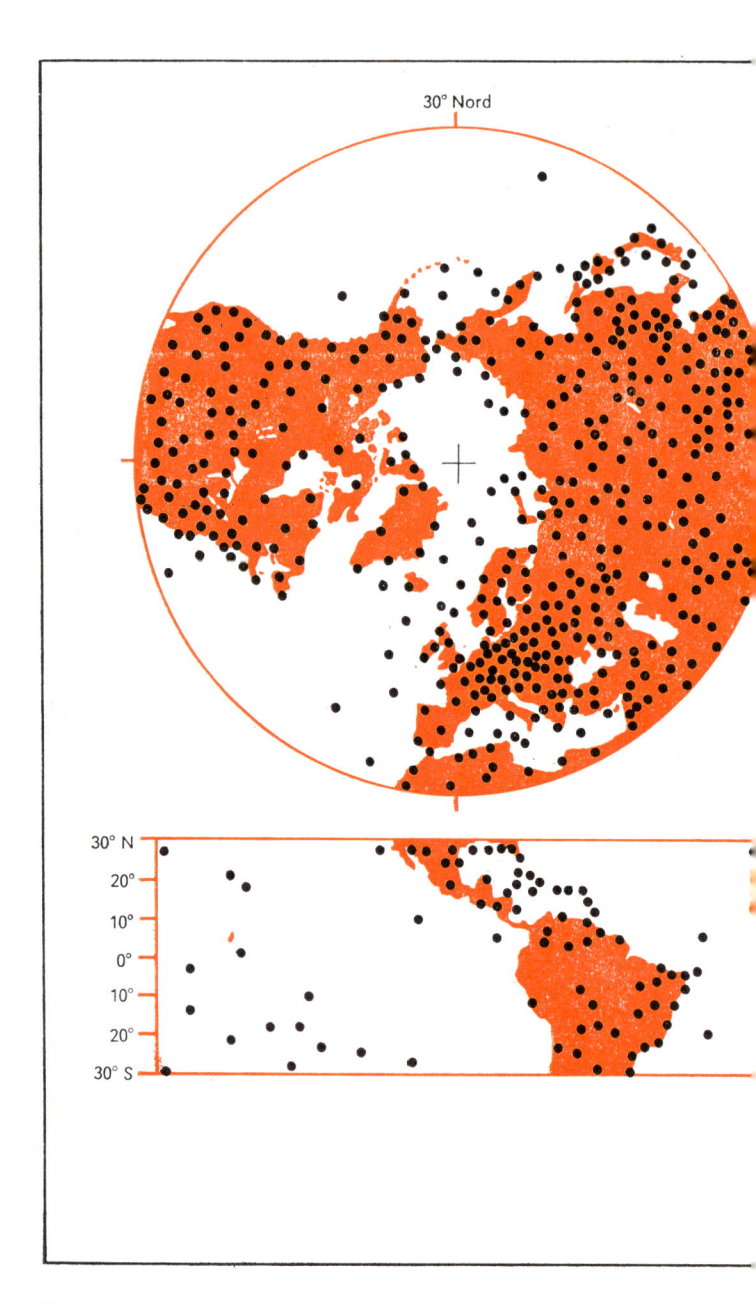

30° N
20°
10°
0°
10°
20°
30° S

30° Süd

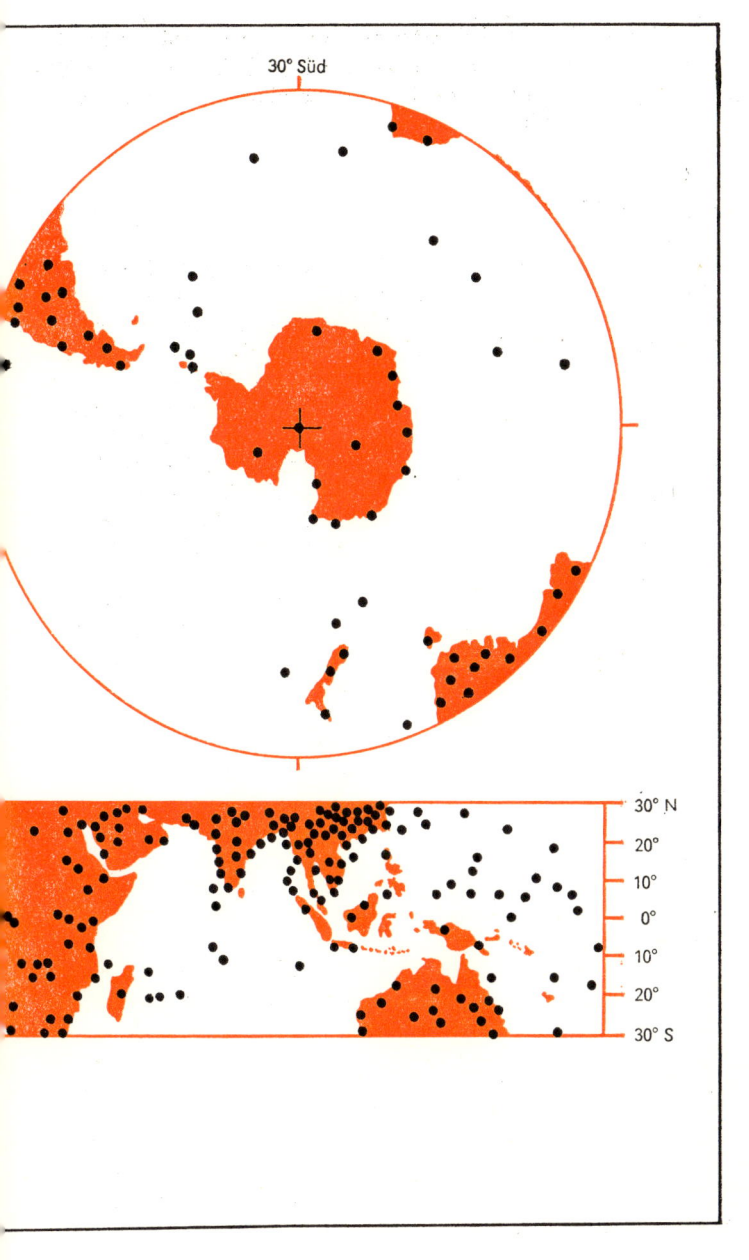

30° N
20°
10°
0°
10°
20°
30° S

85

Leider – oder glücklicherweise! – regiert der Laplacesche Dämon nur in der Fiktion. Wir werden in den folgenden Ausführungen gleich mehrere Gründe dafür anführen – einer allein genügte eigentlich schon.

Der Durchbruch

Eine Revolution der meteorologischen Vorhersagepraxis ereignete sich 1950 in Princeton, USA, am Institute for Advanced Studies. J. Charney, Ragnar Fjörtoft und J. v. Neumann gelang die erste wirkliche, großräumige Druckfeldvorhersage. Im Jahre 1956 simulierte Norman Phillips erstmals eine 30tägige Vorhersage, ebenfalls durch eine schrittweise numerische Integration des meteorologischen Gleichungssystems. Danach wurden viele immer kompliziertere Modelle entwickelt, zunächst getrennt für die Zwecke der 2- bis 4tägigen *Wetter*vorhersage und für die Simulation des globalen atmosphärischen *Klimas,* wo ja die einzelnen Wetterereignisse weniger interessieren, vorausgesetzt, ihr Gesamteffekt wird stets richtig in Rechnung gestellt.

Diese Zwei- oder Mehrspurigkeit des Ansatzes war eigentlich ein untrügliches Anzeichen dafür, daß man je nach dem erstrebten Zweck zu ganz bestimmten, aber unterschiedlichen Vereinfachungen der Wirklichkeit zu greifen gezwungen war, obwohl doch die Natur ein Ganzes ist. Und wieder war es E. N. Lorenz, der 1965 zu einem neuen Klimaverständnis überleitete: »Dieselben Gesetze, die das Wetter bestimmen, steuern auch das Klima.« Folgerichtig müßte man anstreben, die Modellspezialisierung aufzugeben, wann und wo immer dies auch praktisch möglich ist. Gegenwärtig (1987) gewinnt man durchaus den Eindruck, daß auf die Entwicklung und praktische Handhabung eines, man muß schon sagen, geophysikalischen Universalmodells zielstrebig hingearbeitet wird.

Ein Schlüssel zur Wettervorhersage liegt im geeigneten Wissen über den gegenwärtigen Zustand der Atmosphäre. Trotz aller ausgeklügelter und aufwendiger Überwachungstechnik, wie sie das gigantische Unternehmen Weltwetterwacht (WWW) zustande gebracht hat, muß man erkennen und anerkennen, daß es unmöglich ist, das Verhalten jedes beliebig kleinen turbulenten Wirbels von seiner Entstehung an bis zu seiner Auflösung zu beobachten. Einen Eindruck von diesem Problem und der Wirkung kleinsträumiger Wirbel auf den Wind gewinnt man schon beim Betrachten einer ganz normalen Windregistrierung.

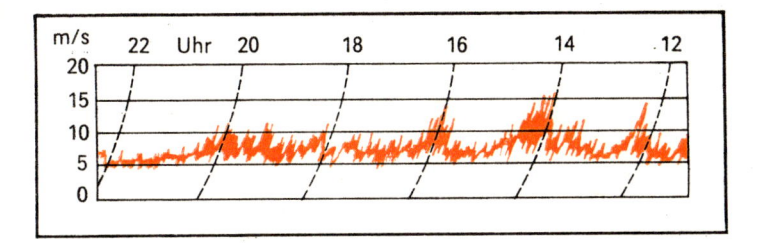

Abb. 27 Die sprichwörtliche Unzuverlässigkeit des Windes – hier eine ganz normale Registrierung der Windgeschwindigkeit vom 9. Juli 1987 an der Meteorologischen Säkularstation auf dem Potsdamer Telegrafenberg.
Auch jede andere Zahl einer offiziellen Wetterbeobachtung stellt immer einen Kompromiß an zeitlicher und räumlicher Repräsentativität dar.

Gewöhnlich werden Beobachtungswerte an Punkten gewonnen, die unregelmäßig über die Erde verteilt sind. Der horizontale Abstand zwischen 2 Stationen kann oft mehrere 100, ja 1 000 km betragen, und zeitlich liegen die Beobachtungen vom gleichen Ort nicht selten 6, 12 oder gar 24 Stunden auseinander. Viele kleinräumige und kurzlebige Erscheinungen gehen durch diese raum-zeitlichen Maschen, obwohl sie außerordentlich wichtig sein können. Ein Tornado ist ein gutes Beispiel dafür. Außerdem erfordert eine atmosphärische Struktur, die meist als Welle in Erscheinung tritt, mindestens 8 Punkte, um ihre Position und Form ausreichend genau zu beschreiben, so daß die kleinste auflösbare Welle ungefähr dem Achtfachen des mittleren Abstandes der Meßpunkte entspricht.

Ferner enthalten alle Beobachtungen Meßfehler oder Unsicherheiten bezüglich ihrer raum-zeitlichen Repräsentativität. Man betrachte sich einmal die Windregistrierung, und man bekommt eine Vorstellung von dieser Art prinzipieller Problematik. Ähnlich turbulent geht es bei jedem meteorologischen Element zu, sobald man dessen Messung nur genügend fein auflöst.

Andere wichtige Zustandsgrößen können überhaupt noch nicht gemessen werden, wenn man an die notwendig weltweite Routine im real-time-(Echtzeit-Datenverarbeitungs-) Regime denkt. Luftelektrische und -chemische Angaben gehören z. B. hierher. Und obwohl die Vertikalbewegung der Luft vielleicht die wichtigste Komponente darstellt, wenn es um Wolken und Niederschlag geht, steht sie für eine Wetteranalyse nicht zur Verfügung. Im allgemeinen steigt die Luft auf oder sinkt ab nur in der Größenordnung 1 cm/s = 36 m/h, verglichen mit 10 m/s = 36 km/h für die horizontale Windgeschwindigkeit. Die Vertikalbewegung der Luft, ohne die es kein Wetter geben kann, muß daher aus Vergenzen (Konvergenz = Zusammenfließen, Divergenz = Auseinanderfließen) der horizontalen Luftströmung berechnet werden.

Es wird klar, daß es immer Unsicherheiten in der momentanen Kenntnis der Atmosphäre geben wird. Diese Unsicherheit ist unabwendbar, auch wenn sie noch durch bessere Meßtechnik vermindert werden kann. Auf jeden Fall wird schon an der Stelle ›Diagnose‹ die Vorhersagbarkeit des Wetters ernsthaften Beschränkungen unterworfen.

Grundprinzipien der atmosphärischen Zirkulation

Folgende physikalische Prozesse setzen die Atmosphäre in Bewegung:

1/ Fast die gesamte Energie zur Aufrechterhaltung atmosphärischer Bewegungen stammt von der Sonneneinstrahlung.

2/ Ungefähr $1/3$ dieser Strahlungsenergie wird von den Wolken und der Erdoberfläche reflektiert und an den Weltraum zurückgegeben. Etwa $1/5$ absorbiert die Atmosphäre. Den Rest nehmen das Land, der Ozean und die Schnee- und Eisflächen auf.

3/ Da sich die mittlere Temperatur der Erde und ihrer Atmosphäre nicht merklich von Jahr zu Jahr verändert, muß die Strahlungsbilanz insgesamt ausgeglichen sein, d. h., die erhaltene Energie wird zwar in langwellige Wärmestrahlung verwandelt, aber ihrem Betrag nach vollständig in den Weltraum abgestrahlt.

4/ In den Tropen erhält das System Erde und Atmosphäre mehr Wärmeenergie, als es verliert, während es in den Polargebieten genau umgekehrt ist. Der tropische Wärmeüberschuß wird zu 90 % durch atmosphärische und zu 10 % durch ozeanische Austauschbewegungen abgebaut. Dieses energetische Ungleichgewicht ist es, was letztlich den Wind erzeugt und damit Wolken, Wetter und Wellen.

In Wirklichkeit ist alles natürlich noch viel komplizierter. Ein Großteil der vom Ozean absorbierten Sonnenstrahlung wird z. B. beim Verdunsten von Wasser umgesetzt, das später als Regen zur Erde gelangt und dabei zuvor seine ursprüngliche Energie (latente Wärme) an die Atmosphäre abgibt. Die Rotation der Erde verändert die Zirkulationsanordnung insofern, als jede Strömung auf der Nordhalbkugel (Südhalbkugel) nach rechts (links) abgelenkt wird (Corioliskraft). Erdrotation und der meridionale Nord-Süd-Gegensatz an Wärmeenergie verursachen schließlich die großräumige Turbulenz in Gestalt der Hochs und Tiefs, der Rücken und Tröge. Auch die Unterschiede zwischen einer Land- und einer Meeresoberfläche als ›untere Energiequelle‹ der Atmosphäre sowie Unebenheiten der Erde in Gestalt der Gebirge wie überhaupt die verschiedenen Vegetationsformen (Wüste, Wiese, Wald, . . .) bringen zusätzlich die verschiedensten physikalischen Gesetze ins Spiel.

Verschiedene Maßstäbe

So groß auch die Vielfalt sein mag zwischen meteorologischen Prozessen, die sich in Sekunden abspielen oder Jahrtausende währen, die auf wenige Millimeter begrenzt sind oder 40 000 km Erdumfang als angemessenen Maßstab (engl. scale; Größenordnung) erfordern – das Prinzip und das typische Erscheinungsbild der Turbulenz sind allen gemeinsam, obwohl doch die Breite dieses Turbulenzspektrums mindestens 10 Größenordnungen mißt.

Bemerkenswerterweise sind die realen meteorologischen Phänomene ziemlich enge Bindungen zwischen ihrem charakteristischen Längen- und Zeitmaßstab eingegangen, den Hermann Flohn (1958) mit

$$10^n \text{ s} = 10^n \ldots 10^{n+1} \text{ m}$$

abschätzte, was nichts anderes bedeutet, als daß großräumige Erscheinungen von längerem Bestand sind, während schnelle Änderungen typisch für kleinräumige Vorgänge sind. Obwohl alles ein Ganzes, übersteigt es noch heute unsere rechentechnische Möglichkeit, die gesamte Maßstabsbreite zu modellieren, so daß meist immer noch Spezialmodelle den gerade interessierenden scale herausgreifen und adäquat beschreiben müssen. Dabei zeigt sich nun, daß ganz bestimmte physikalische Vereinfachungen in einem Maßstabsbereich erlaubt sind, während sie in einem anderen zu unrealistischen Wirkungen führen.

Im sehr großen Maßstabsbereich z. B. befinden sich die Kräfte infolge der Erdrotation und des horizontalen Luftdruckgefälles im Gleichgewicht, und der resultierende Wind weht geostrophisch, d. h. entlang den Isobaren. Bei kleinräumigen Austauschvorgängen jedoch spielt die Erdrotation keine wesentliche Rolle, und der Wind weht quer zu den Isobaren direkt vom hohen zum tiefen Luftdruck. Großräumige Vorgänge der Atmosphäre befinden sich

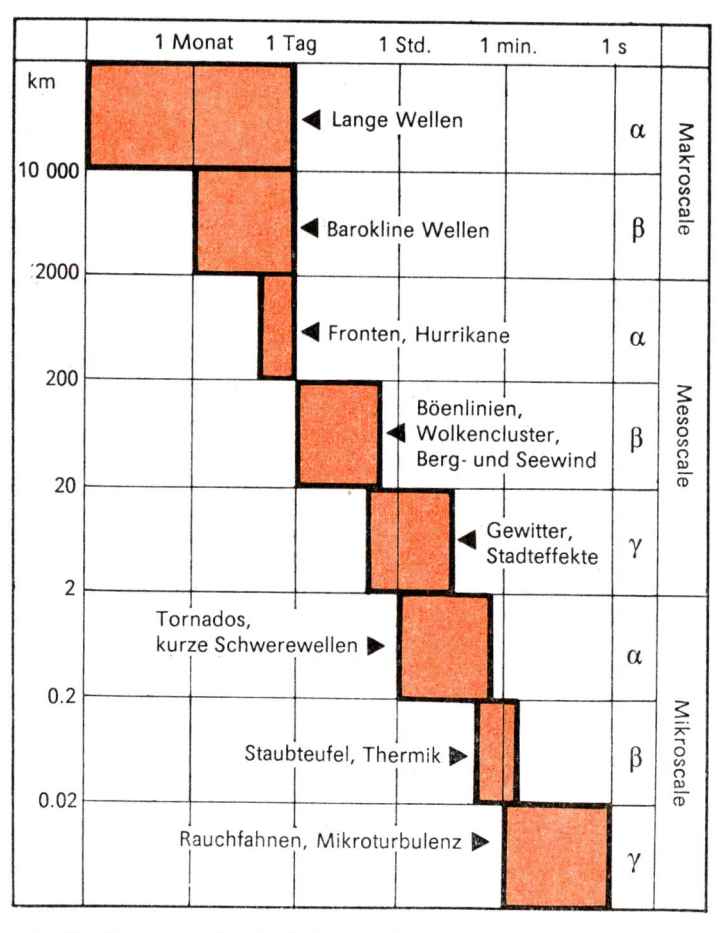

	1 Monat	1 Tag	1 Std.	1 min.	1 s		
km			◀ Lange Wellen			α	Makroscale
10 000							
			◀ Barokline Wellen			β	
2000							
			◀ Fronten, Hurrikane			α	Mesoscale
200							
				◀ Böenlinien, Wolkencluster, Berg- und Seewind		β	
20							
					◀ Gewitter, Stadteffekte	γ	
2							
			Tornados, kurze Schwerewellen ▶			α	Mikroscale
0.2							
				Staubteufel, Thermik ▶		β	
0.02							
			Rauchfahnen, Mikroturbulenz ▶			γ	

Abb. 28 Trägt man charakteristische horizontale Ausdehnungen und »Lebensdauern« meteorologischer Erscheinungen und Prozesse in einem Diagramm ein, erkennt man, daß sie in einem raumzeitlichen Spektrum auftreten, das mindestens 10 Größenordnungen überdeckt und in welchem die räumlichen und zeitlichen Dimensionen enge Bindungen eingegangen sind (nach Orlanski, 1975).

nahezu in einem hydrostatischen Gleichgewicht, was bedeutet, daß das wegen der Erdgravitation vorhandene Gewicht einer Luftsäule sehr stark ihre (vergleichsweise geringen!) auf- und abwärtsgerichteten Bewegungen behindert, so daß Vertikal*beschleunigun*-

gen vernachlässigt werden können. Bei der Modellierung kleinräumiger, konvektiver Prozesse dagegen, wie Cumuluswolken und deren Niederschläge, muß auf die bequeme hydrostatische Näherung verzichtet werden. Die durch instabile Umlagerungen freigesetzten Vertikalbeschleunigungen in der Größenordnung m/s^2 vermögen ja durchaus, auch in unseren Breiten, einen Cumulonimbus innerhalb einer halben Stunde aus dem Nichts entstehen und ihn bis in die Stratosphäre vordringen zu lassen.

Wenn wir auch, nicht zuletzt wegen der speziellen Erfordernisse nach Meßdaten mit adäquater räumlicher und zeitlicher Detaillierung (!), gezwungen sind, zu scale-abhängigen Teilmodellen Zuflucht zu nehmen, so zeigt uns doch die Atmosphäre, daß alle diese in verschiedenen Maßstäben ablaufenden Bewegungen sich gegenseitig beeinflussen, und es sind gerade diese Wechselwirkungen, die die Vorhersagbarkeit weiter begrenzen.

Kleinräumige Störungen sind durchaus in der Lage, nach und nach immer größere Maßstabsbereiche zu ›infizieren‹, während umgekehrt die großen scales auch auf die kleineren rückwirken und ihnen ganz bestimmte, mehr oder weniger begrenzte Spielräume zuweisen. Ein Beispiel: Ein fahrendes Auto hinterläßt eine Schleppe kleinsträumiger Turbulenz. Diese verwirbelte Luft beeinflußt die nächste Windspitze, welche wiederum die Verdunstung des Wassers eines nahe gelegenen Teiches verändert, und beides zusammen modifiziert vielleicht die Ausdehnung, Gestalt und den Zeitpunkt einer kleinen Wolke über dem nächsten Hügel. Diese wiederum verschiebt Zeit und Ort eines Regenschauers im Gefolge eines Gewitters, das den Durchzug einer Kaltfront zu verzögern vermag, was wiederum dazu führt, daß sich der zugehörige Tiefdruckwirbel weiter verstärkt.

Vorgänge dieser Art spielen sich laufend ab, auch wenn die Kausalketten im einzelnen nicht durch Messungen zu belegen sind – ganz abgesehen davon, daß eine mikroskalige Prozesse verfolgende Meßtechnik den natürlichen Ablauf empfindlich stören und verfälschen würde!

Natürlich, viele Effekte mitteln sich aus, ohne eine erkennbare neue Wirkung zu setzen, denn die Reibung an der rauhen Erdoberfläche dämpft und zerstört schließlich die meisten turbulenten Störungen. Die Wahrscheinlichkeit ist also ziemlich gering, daß mein nächstes Niesen oder auch ein Raketenstart über Baikonur verantwortlich sein könnten für die Intensivierung eines Unwetters über Südchina! Auch besagt dies nicht, daß solche geringfügigen Ursachen die Großwetterlage oder gar das Klima zu ändern vermögen, wohl aber sind auch in ihnen die zufälligen Ursachen für

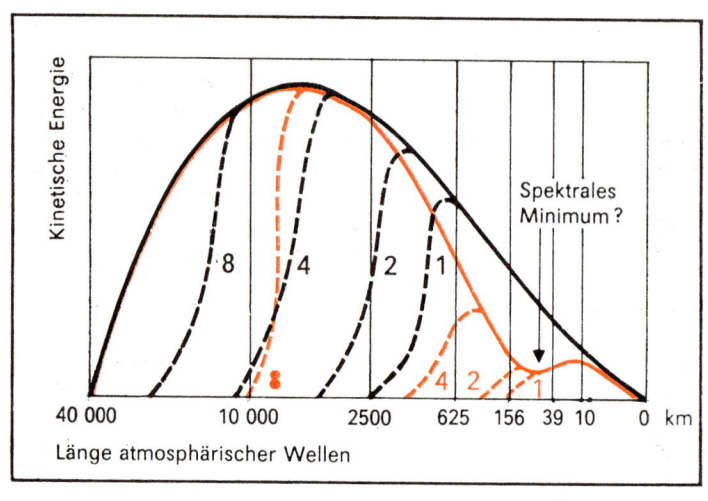

Abb. 29 Anteile verschieden langer Wellen an der kinetischen Energie der Atmosphäre (schwarze Kurve). Danach setzen die im Makroscale ablaufenden Prozesse (großräumige Tief- und Hochdruckgebiete mit ihren Rücken und Trögen) bei Wellenlängen von mehreren 1 000 km die meiste Energie um. Die schwarz gestrichelten Kurven vermitteln eine Vorstellung, nach wieviel Tagen »Störungen« im Mikroscale auf die größeren Maßstäbe übergreifen, sie »infizieren«. Noch unklar ist, ob das Energiespektrum wirklich so glatt verläuft oder ob es spektrale Minima gibt (Farbe), wo weniger Energie umgesetzt und übertragen wird und die demzufolge als »Bremsen« gegenüber kleinen Störungen wirken können. Dies zöge eine erfreuliche Konsequenz nach sich: Zeitliche Verlängerung der prinzipiellen Vorhersagbarkeit (Farbe gestrichelt)!

die raum-zeitlichen ›Fluktuationen‹ individueller Wetterereignisse zu suchen.

Theoretische Studien und Experimente mit mathematischen Wettermodellen zeigen, daß kleinsträumige meteorologische Prozesse innerhalb weniger Tage auf großräumige Strukturen einwirken können. Dank der Rotation und der Schwerkraft der Erde aber verhält sich die Atmosphäre im großen und ganzen geostrophisch und hydrostatisch, so daß die Identität der großen Wettersysteme erhalten bleibt – im Mittel etwa für einen Zeitraum von 2 Wochen. Diese Zeitspanne gilt seit langem als äußerste, prinzipielle Grenze der Determiniertheit und Vorhersagbarkeit individueller (!) Eigenschaften der Atmosphäre, wie sie uns beispielsweise beim Betrachten täglicher (!) Wetterkarten in Erscheinung treten.

Die Modellierung der Atmosphäre

Ein zu Beginn der Modellversuche unterschätztes Problem bestand darin, daß die physikalischen Grundgleichungen *alle* in der Atmosphäre ablaufenden Phänomene in ihrem meist wechselseitigen Zusammenhang beschreiben, also auch solche, die nichts mit Wetter zu tun haben, wie Schall-, Schwere- und Trägheitswellen. Die Summe all dieser Vorgänge wird gewöhnlich mit ›meteorologischem Lärm‹ bezeichnet. Akustische Störungen z. B. erzeugen in der Luft hochfrequente Schallwellen mit einer Schwingungsdauer von weniger als 1/100 s. Die Ausbreitungsgeschwindigkeit von ca. 330 m/s beträgt ein Vielfaches der Windgeschwindigkeit, mit der sich die meteorologisch interessanten Wellen verlagern.

In diesem Zusammenhang stellte sich das ernste Problem der (linearen) numerischen Stabilität, das an sich physikalisch gänzlich unbegründet und nur eine Folge des numerischen Lösungsverfahrens ist; und zwar aus folgendem Grund: Eine rein analytische Lösung der meteorologischen Prognoseaufgabe scheitert an der Nichtlinearität des simultanen, partiellen Differentialgleichungssystems. Trotz des glücklichen Umstandes, daß die zeitlichen Ableitungen der abhängigen Variable in den Gleichungen nur mit dem ersten Differentialquotienten auftauchen, ist die numerische Integration ein unerhört schwieriges und aufwendiges Unterfangen. Es kann bei einigermaßen realistischem Zeitaufwand nur durch Einsatz von Hochleistungscomputern bewältigt werden. Das Grundprinzip der numerischen Integration ist dabei noch recht einfach zu formulieren: Ersetzung der abstrakten, unendlich kleinen Differentiale durch konkrete, endlich große Differenzen im Raum *und* in der Zeit. Die mit elementaren mathematischen Mitteln so erreichten Lösungen stellen Näherungslösungen der Differentialgleichungen dar, die um so ungenauer sind, je größer die Zeit- und Raumschritte gewählt werden (müssen).

Ist nun die räumliche Verteilung der abhängigen Variable, also z. B. des Luftdrucks, zum Anfangszeitpunkt gegeben, so kann bei einer bestimmten Wahl der räumlichen Differenz $\triangle x$ (Gitterpunktsabstand) die zeitliche Änderung der entsprechenden Größe an jedem Gitterpunkt für ein hinreichend kurzes Zeitintervall $\triangle t$ direkt aus den Gleichungen berechnet werden. Daraus ergeben sich neue Feldverteilungen aller Variablen, aus denen erneut eine zeitliche Änderung ermittelt werden kann. Diese Prozedur wird so lange wiederholt, bis der gewünschte Prognosezeitpunkt erreicht ist.

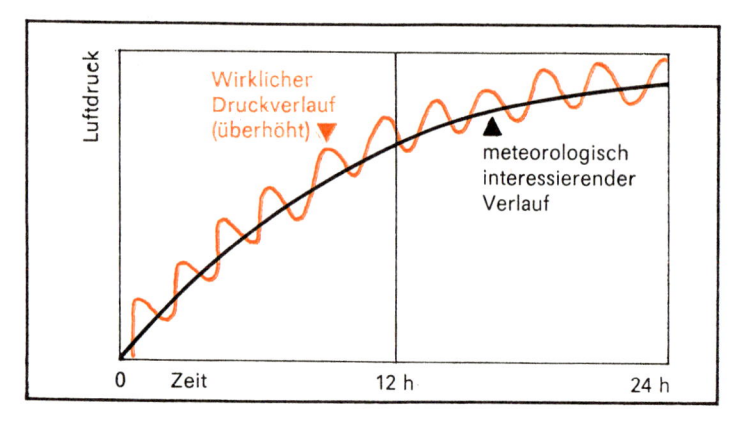

Abb. 30 Verschiedene Arten nicht-meteorologischer Wellen überlagern die meteorologisch interessanten Luftdruckänderungen. Werden diese hochfrequenten Oszillationen mathematisch nicht beherrscht, gerät das Prognosemodell sehr schnell außer Takt mit der Natur!

Sehr viele Sorgen bereitete anfangs die Wahl des ›hinreichend kurzen‹ Zeitintervalls, denn natürlich möchte man es so groß wie nur irgend möglich halten, um den Rechenaufwand zu begrenzen. Es zeigte sich aber, daß völlig unrealistische Lösungen entstehen, wenn die Bedingung

$$\Delta t \leq \frac{\Delta x}{c}$$

nicht eingehalten wird. Dabei stellt c die Geschwindigkeit dar, mit der sich ein atmosphärischer Prozeß ausbreitet. Für meteorologisch interessante Wellen kommt etwa die Windgeschwindigkeit mit maximal ca. 100 bis 150 km/h (als atmosphärischer Mittelwert!) in Frage, für Schwerewellen aber die Schallgeschwindigkeit von ca. 1 200 km/h!

Ist also in den atmosphärischen Gleichungen der meteorologische Lärm noch enthalten, müßte bei einem $\triangle x = 150$ km mit Zeitschritten von weniger als 8 Minuten gerechnet werden. Da in der dritten Dimension, der Vertikalen, wegen der um 2 bis 3 Zehnerpotenzen größeren Gradienten der meteorologischen Elemente wesentlich kleinere $\triangle x$ gewählt werden müssen, verringert sich der maximal erlaubte Zeitschritt bis in den Sekundenbereich! K. Hinkelmann, einer der Pioniere der numerischen Wettervorhersage, resümierte daher noch 1953 in seiner Dissertation über »Quantitative Verfahren zur Voraussage atmosphärischer Zustandsänderungen«: »Damit scheidet das Verfahren, Wettervorhersagen durch numerische Integration der hydrothermodynamischen Grundgleichungen in ihrer ursprünglichen Form aufzustellen, für die praktische Verwendbarkeit aus.«

In den Anfängen der wirklich rechnenden numerischen Wettervorhersage erfreuten sich daher sog. gefilterte Modelle großer Beliebtheit. In ihnen waren die Gleichungen so umgeformt, daß in den Lösungen Prozesse, die sich mit Schallgeschwindigkeit ausbreiten, nicht mehr enthalten waren. Dadurch gelang eine drastische Verringerung des Rechenaufwandes, weil $\triangle t$ wesentlich größer gewählt werden durfte (1–2 Stunden). Aber diese gefilterten Modelle unterdrückten auch einige meteorologisch nicht unwichtige Effekte, namentlich solche, die durch Schwerewellen ausgelöst werden. Trotzdem blieb vielen meteorologischen Diensten mit kleineren Computern gar keine andere Wahl, als mit Modellen vorliebzunehmen, die von vornherein nur etwa 90 % der Genauigkeit nichtgefilterter Modelle lieferten.

Auch wenn wir in diesem Büchlein nicht ins Detail gehen können, sollte aber erwähnt werden, von welchen Gleichungen dauernd die Rede ist. Seit langem ist bekannt, daß 8 von den 3 Raumkoordinaten und der Zeit abhängige Variable genügen, um die in der Atmosphäre ablaufenden Prozesse zu beschreiben. Es sind dies 3 Komponenten des Windes (horizontale und vertikale Luftbewegungen), der Luftdruck, die Luftdichte, die Temperatur, der Wasserdampfgehalt und schließlich eine Größe, welche die in der Atmosphäre durch Absorption und Emission auftretenden Strahlungsströme beschreibt. Bekanntlich müssen nun auch 8 voneinander unabhängige Gleichungen vorhanden sein, die den funktionellen Zusammenhang der Variablen untereinander zum Ausdruck bringen. Es sind dies:

1–3/ die 3 Bewegungsgleichungen der Newtonschen Mechanik. Sie stellen eine Beziehung zwischen dem Geschwindigkeitsvektor, den Gravitationskräften, dem Druckgradienten und der Dichte her;

4/ die Kontinuitätsgleichung als Ausdruck des Prinzips der Erhaltung der Masse.

5/ Wegen der Veränderlichkeit der Luftdichte benötigen wir die Zustandsgleichung (für ideale Gase), in der die 3 Variablen Druck, Temperatur und Dichte in Beziehung gesetzt werden.

6/ Da auf einmal die Temperatur ins Spiel kommt, wird der Energiesatz der Thermodynamik, auch 1. Hauptsatz der Wärmelehre genannt, benötigt.

7/ Für den Wasserdampfgehalt (spezifische Feuchte) wird meist ähnlich der Kontinuitätsgleichung eine Bilanzgleichung formuliert, die annimmt, daß der gesamte in der Atmosphäre vorhandene Wasserdampf erhalten bleibt, vorausgesetzt, Verdunstung und Niederschlag in der Atmosphäre und vor allem am unteren Rand der Atmosphäre (Erdoberfläche) sind bekannt.

8/ Die Emden-Schwarzschildsche Strahlungsgleichung. Zwar darf die äußere Energiezufuhr am oberen Rand der Atmosphäre, also die Strahlungsintensität der Sonne (Solarkonstante), als bekannt vorausgesetzt werden, doch die in der Atmosphäre absorbierte bzw. bis zur Erdoberfläche gelangende Strahlungsenergie wird von anderen meteorologischen Elementen, insbesondere dem Wasserdampfgehalt und der Temperatur, stark beeinflußt.

Weitere Fehlerquellen

Bevor wir uns die Arbeitsweise des derzeit besten Atmosphärenmodells etwas näher vor Augen führen, sei noch auf weitere grundsätzliche Probleme hingewiesen:

• Eigentlich darf die Luft nicht als ideales Gas im Sinne der Gleichung 5 betrachtet werden, da sie unter anderem Wasserdampf enthält, der im Temperaturbereich der atmosphärischen Prozesse in allen 3 Aggregatzuständen auftreten kann, also auch in fester und flüssiger Form. Wegen der relativ geringen Auswirkungen dieses Fehlers wird über seine Abschaltung im Moment wohl nicht weiter nachgedacht.

• Verdunstung und Niederschlag an der Erdoberfläche zu kennen bereitet große Meßprobleme. Die im Echtzeitregime (!) verfügbaren Daten sind daher mit ziemlich großen Fehlern behaftet. Aus der Atmosphäre liegen überhaupt keine direkten Meßdaten vor, doch wird z. Z. viel unternommen, um das Niederschlagswasser wenigstens indirekt mittels Satelliten zu bestimmen.

• Daß auch die Luftdichte nicht beobachtet wird, ist nicht gra-

Abb. 31 Mittlere 500-hPa-Topographie (= Höhenlage des Luftdrucks 500 hPa; hier zwischen 4 960 und 5 840 m) im Zeitraum vom 11. Januar bis 10. Februar 1981
Oben: Numerische Analysen nach aktuellen Meßwerten
Unten: Mittel aller täglich berechneten 10-Tages-Vorhersagen eines dynamischen, mathematisch-physikalischen Modells
Die Differenzen zwischen beiden Karten können Aufschluß geben über Mängel in den Anfangsdaten und in der Parametrisierung.

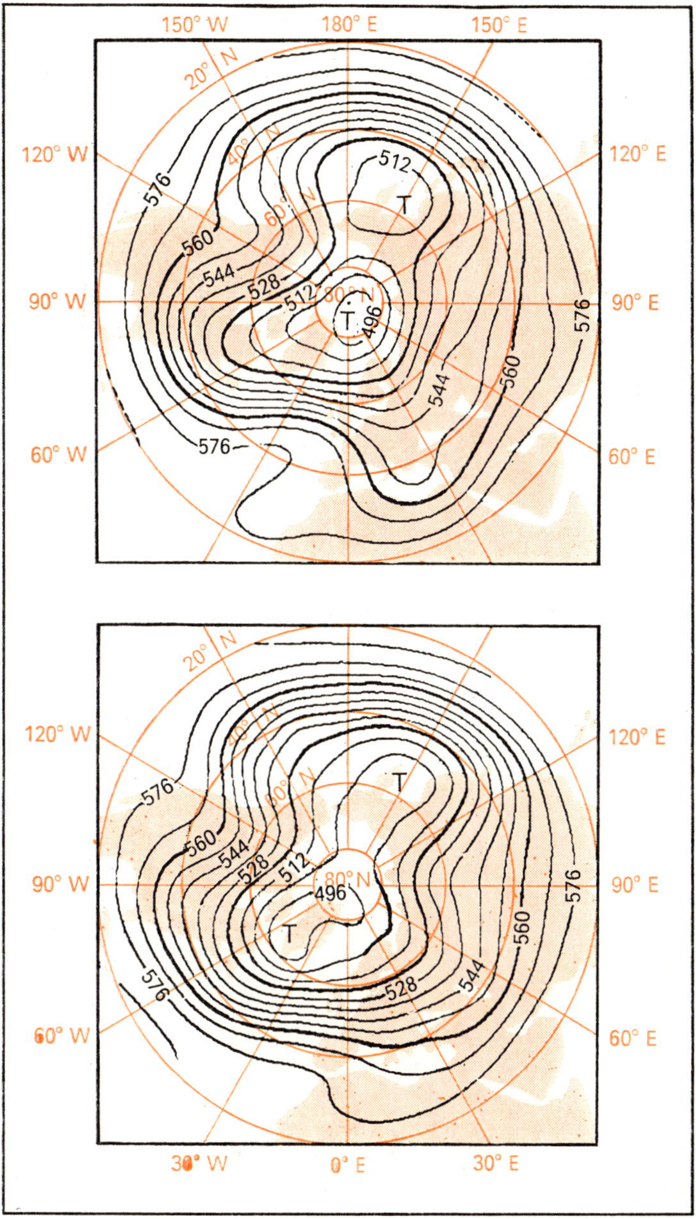
150° W
180° E
150° E
120° W
120° E
90° W
90° E
60° W
60° E
20° N
40° N
60° N
80° N
512
T
576
560
544
528
496
30° W
0° E
30° E

vierend, da sie aus Druck und Temperatur sofort abgeleitet werden kann. Ähnliches gilt für die spezifische Feuchte, die aus Dampfdruck und Luftdruckdaten berechenbar ist.
• Eine echte Schwierigkeit bei der Festlegung des Anfangszustandes ergibt sich jedoch bei der vertikalen Windkomponente. Diese Vertikalbewegung wird für die Zwecke der numerischen Wettervorhersage nicht beobachtet. Dreidimensionale Windmesser befinden sich nur an wenigen speziellen Forschungsinstituten und dort auch nur in den allerunterstsen Luftschichten, nicht aber in der freien Atmosphäre. Der Vorteil der früher schon erwähnten hydrostatischen Näherung – die dritte Bewegungsgleichung wird durch die hydrostatische Beziehung ersetzt – liegt gerade darin, daß Luftdruck und horizontales Windfeld die Vertikalbewegung des Windes eindeutig festlegen. Wir sehen also, daß aus meßtechnischen Gründen ein zwingender Grund vorhanden ist, mit dieser Annahme zu rechnen. Außerdem wirkt sie als hochwillkommenes Vertikalfilter, das die vertikale Ausbreitung von Schallwellen unterdrückt und erst dadurch Zeitschritte $\triangle t$ im Minutenbereich (statt Sekunden!) erlaubt. Umgekehrt erhellt daraus das ungemein schwierige Problem der Kenntnis gemessener Anfangswerte der Vertikalbewegung bei all jenen kleinskaligen Modellen, wo sich eine hydrostatische Näherung physikalisch verbietet!
• Wenn wir aus mathematischen Gründen gezwungen sind, die Atmosphäre in mehr oder weniger große Raumpakete zu zerlegen, deren Größe aus der horizontalen und vertikalen Modellgitterweite folgt – z. B. $(150 \times 150 \times 1)$ km = 22 500 km^3 –, und wenn uns die Meßtechnik zumeist nur Punktinformationen liefert – auch ein Radiosondenaufstieg entspricht nur einem Nadelstich in die Atmosphäre –, dann müssen geeignete Mittel und Wege gefunden werden, um all die Vorgänge und Effekte, die innerhalb dieses Riesenpaketes Luft ablaufen, wenigstens in ihrer mittleren Wirkung auf die Eckpunkte zu erfassen. Dieser schwierigen Aufgabe, die ja im Grunde weitere, objektiv unvermeidliche Fehler ins Modell eindringen läßt, unterzieht sich eine ›Parametrisierung‹ genannte Technik. Mit ihr wird außerdem versucht, kompliziertere, (noch) nicht im deterministischen Gleichungssystem enthaltene physikalische Prozesse mit empirischen, statistisch formulierten Ansätzen abzubilden und dadurch doch noch teilweise zu berücksichtigen.
Typische Parametrisierungsaufgaben:
– Großräumiger Niederschlag einschließlich seiner festen Form (Eis, Schnee) und die Verdunstung während des Ausfallens

- Konvektion, d. h. kleinräumiger Austausch von Wärme und Feuchte, sowie konvektive Niederschläge (Schauer, Gewitter)
- Turbulente Prozesse vor allem in den untersten 1 000 m der Atmosphäre (Grenzschicht), insbesondere an der energetisch so außerordentlich wichtigen Grenzfläche Wasser/Luft bzw. Erde/ Luft, hinsichtlich Wärme, Feuchte und Wind
- Strahlung einschließlich des astronomisch bedingten Tagesgangs der Sonneneinstrahlung und ihrer Wechselwirkung mit/auf Temperatur, Feuchte und Wolken
- Schwerewellen in der oberen Atmosphäre, abgeschätzt aber anhand niedertroposphärischer Winddaten, der thermischen Stabilität und der Unterschiede orographischer Höhen der Erdoberfläche innerhalb jeder Gitterpunktbox.

Die Wettersatelliten werden unentbehrlich

Wie schon gesagt: Ausgangspunkt jeder Wettervorhersage ist die ausreichende Kenntnis der Anfangsfelder *aller* meteorologischen Variablen in *allen* benötigten Höhenniveaus zu einem bestimmten Zeitpunkt. Wenn dann noch Meßdaten nur aus zeitlicher Nähe zu jenem festen Termin vorliegen, vielleicht 3 Stunden davor oder danach, wird eine 4dimensionale Datenassimilation benötigt, um eine geeignete, d. h. z. B. auch eine vom meteorologisch störenden Lärm befreite Analyse des atmosphärischen Zustandes zu erzeugen.

Ebenso wie bei der numerischen Wetter*vorhersage* sind auch die Anforderungen an die numerische, d. h. objektive Wetter*analyse* in den letzten 20 Jahren gewaltig gewachsen. Die früheren, ziemlich einfachen 3-Flächen-Modelle kamen noch mit der Kenntnis des Luftdruckfeldes (genauer: der Höhe ausgewählter Druckflächen) aus. Die 10-Flächen-Modelle benötigten schon zusätzliche Analysen der Feuchtefelder, während das Windfeld noch aus dem Druckfeld näherungsweise bestimmt werden mußte. Heute erfordern die besten und komfortabelsten Modelle täglich und weltweit, d. h. wirklich global, numerische Analysen des Windfeldes mindestens aus der Troposphäre. Ebenso werden entsprechende Analysen der Wasseroberflächentemperatur aller Ozeane sowie der See-Eisbedeckung benötigt – Informationen, die vor 5 Jahren gewöhnlich nur mittels klimatologisch bestimmter zeitlicher Mittelwerte grob abgeschätzt werden konnten.

Da aber gezielte Experimente mit mittel- und langfristigen Wettervorhersagen (ca. 5 bis 50 Tage im voraus) deutlich zeigen,

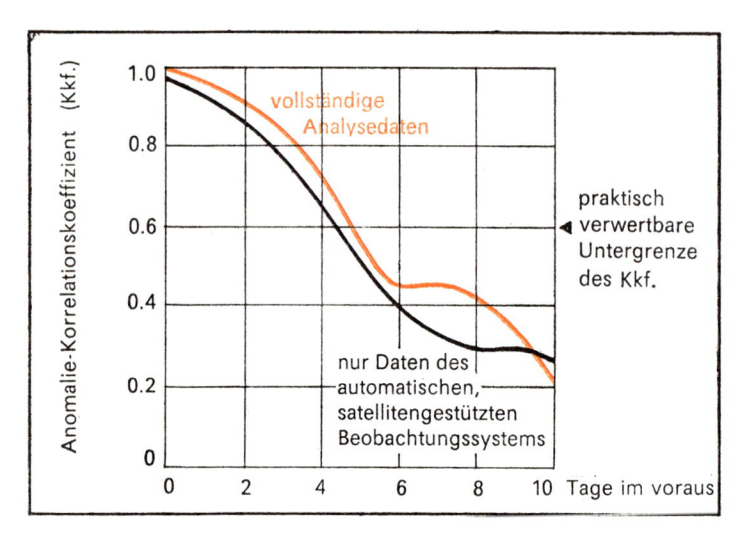

Abb. 32 Güte numerischer Vorhersagen für den 9. 1. und 17. 2. 1979, 1 000 bis 200 hPa, 20° bis 82,5° Nord und Süd für zonale Wellenzahlen 1 bis 3 (nach L. Bengtsson, ECMWF).

Ein ermutigendes Experiment im Rahmen des FGGE! Zwar waren die Prognosen auf der Grundlage des vollständigen Angebotes der Analysedaten genauer, aber das neuartige, insgesamt kostengünstigere Beobachtungssystem allein (!), bestehend aus automatischen Bodenluftdruckmessungen, Winddaten von Flugzeugen und Ballonen, vertikalen Temperaturprofilen mittels Wettersatelliten und Winddaten aus aufeinanderfolgenden Satelliten-Wolkenfotos, ermöglichte eine ursprünglich nicht für möglich gehaltene Prognosenqualität!

daß die Güte der Prognosen durch bessere Analysen des geophysikalischen (Luft – Erde – Wasser!) Ausgangszustandes gesteigert werden kann, richtet sich indessen wohl der größte Teil aller materiellen Aufwendungen der Meteorologen auf eine immer perfektere Meßdatengewinnung und -übertragung zu den großen Zentren der meteorologischen Datenverarbeitung. Sinn und Aufgabe des Globalen Atmosphärischen Forschungsprogramms (GARP) und seines ersten globalen Experiments (FGGE) zielten nicht zuletzt gerade darauf ab. Und im Lichte dieser Erfahrungen wird vor allem die meteorologische Satellitentechnik eingesetzt, um auf effektive Weise an die benötigten Informationen heranzukommen. Seit 1982 konnten die klimatologischen Wasseroberflächentemperaturen durch operative, satellitengestützte Analysen ersetzt werden. Im Jahre 1983 folgten automatische Analysen des Erdbodenzustandes (insbesondere Bodenfeuchte) und der Schneebedeckung über Land.

Die entscheidenden Parameter jeglicher Beobachtungstechnik sind Genauigkeit und räumliche Auflösung. Würde es z. B. gelingen, den gegenwärtigen Meßfehler um die Hälfte zu verringern, könnte die Zeitspanne einer praktisch nutzbaren Vorhersage um weitere 3 Tage verlängert werden! Jedoch, selbst wenn der Wetterzustand im großen und ganzen, d. h. bei Gitterweiten von vielleicht 50 bis 200 km, völlig fehlerfrei bekannt wäre, würden die unbekannten Ungenauigkeiten im Detail, die durch Parametrisierung nur notdürftig und vorübergehend abgefangen werden, bereits nach 1 bis 2 Tagen unvermeidlich zu Fehlern im größerskaligen Atmosphärenzustand führen, die vergleichbar mit heutigen Analysenfehlern sind.

Das ECMWF-Modell näher betrachtet

Während des bisher aufwendigsten und erfolgreichsten weltweiten Experiments, des schon vorhin erwähnten FGGE, wurde besonders genau Buch geführt über den meteorologischen Datenstrom, der aus den verschiedensten Quellen gespeist wurde. Nehmen wir z. B. den 4. Juni 1979 und stellen uns der Aufgabe, vom Zeitpunkt 12 Uhr UTC (früher: GMT) eine globale Diagnose des atmosphärischen Zustandes zu erarbeiten.

Noch bevor die ersten Beobachtungen eintreffen, steht bereits eine erste Näherung, eine Schätzung der Diagnose zur Verfügung. Alle 6 Stunden, d. h. 4mal am Tage, wird eine Analyse angefertigt und mit ihr eine 6stündige 3dimensionale Prognose aller benötigten Elemente weltweit berechnet. Wenn man so will, wird diese Näherung mit Hilfe der wirklichen Beobachtungen ›nur korrigiert‹, indem in optimaler Weise ein gewichtetes Mittel – unter anderem mit der Meßgenauigkeit und der Entfernung zum Gitterpunkt als Gewichtsfaktor – gebildet wird. Zuvor müssen sich jedoch alle Daten einer umfangreichen Kontrolle unterziehen, indem sie in ihrer zeitlichen und räumlichen Aufeinanderfolge miteinander verglichen und unter Umständen verworfen werden. Manche Daten, z. B. von Satelliten oder Flugzeugen, stammen nicht exakt vom 12-Uhr-Termin. Sie werden, sofern sie in den Zeitraum zwischen 09 und 15 Uhr fallen, auf den Analysetermin interpoliert, so wie die Daten für jeden Gitterpunkt horizontal und vertikal aus den räumlich benachbarten Gitterpunkten interpoliert werden müssen. Daher der Begriff der ›4dimensionalen Datenassimilation‹.

Durch direkte Messungen aus der freien Atmosphäre (Radiosonden, Pilotwind, vom Flugzeug abgeworfene Windsonden, frei fliegende Ballone in konstanten Druckniveaus) liegen an jenem 4. Juni 1457 (719) Beobachtungen vor. Die Zahlen in Klammern zeigen den ›normalen‹ Datenanfall außerhalb des FGGE, hier: vom 4. Juni 1980. Ein komplettes Radiosondenbulletin bzw. eine vollständige Bodenwettermeldung (SYNOP) zählt dabei nur als 1 Beobachtung. Wettermeldungen von Flugzeugen: 1114 (252). Klassische Bodenwettermeldungen (Land und Schiffe): 3626 (3762). Daten der indirekten Sondierung der Atmosphäre mittels Satelliten (SATEM): 2135 (322). Aus Satellitenwolkenfotos abgeleitete Winddaten: 1061 (251) in der oberen Troposphäre, 2065 (209) in der unteren. Daten von auf den Ozeanen frei driftenden Wetterbojen: 653 (90).

Allein für die Bewältigung dieses ersten wichtigen Schrittes, der numerischen Analyse also, müssen ca. 30 Milliarden arithmetische Operationen ausgeführt werden. Sehr viel Zeit vergeht noch mit Warten auf dringend benötigte Beobachtungsdaten und auf inzwischen weiterverarbeitete Satelliteninformation. Die globalen meteorologischen Nachrichtenkanäle sind vollgestopft, und manche ›Irrläufer‹ werden ihr Zentrum nicht rechtzeitig erreichen.

Das ECMWF, das ist das (West-)Europäische Zentrum für mittelfristige Wettervorhersagen mit Sitz seit 1978 in Shinfield Park bei Reading (U. K.), schätzte über einen längeren Zeitraum einmal ab, wie lange es dauert, bis 90 % der globalen Solldaten zur Verfügung stehen. Es sind dies bei

Bodenwettermeldungen/Land	1 Std.	40 min
Schiffswettermeldungen	4	20
Radiosondenbulletins	4	00
SATEM (s. o.)	6	40

Erhebliche Kopfschmerzen bereiten gerade die letzten 10 % der Sollinformation, da sie von ohnehin datenarmen Gebieten, wie den Ozeanen und der Südhemisphäre, stammen. 18 Uhr UTC muß dann aber ›Redaktionsschluß‹ sein (cut-off time), damit die Aktualität der mittelfristigen 10-Tage-Vorhersage gewahrt bleibt. Sie wird bisher nur einmal täglich auf der Grundlage der 12-Uhr-Analyse gerechnet. Übrigens umfaßt ein 24stündiger Datensatz die Informationsmenge von 80 Millionen bits.

Ab 21 Uhr UTC rechnet dann das Prognosemodell, wobei der Computer CRAY-1 50 MIPS (= Millionen Instruktionen je

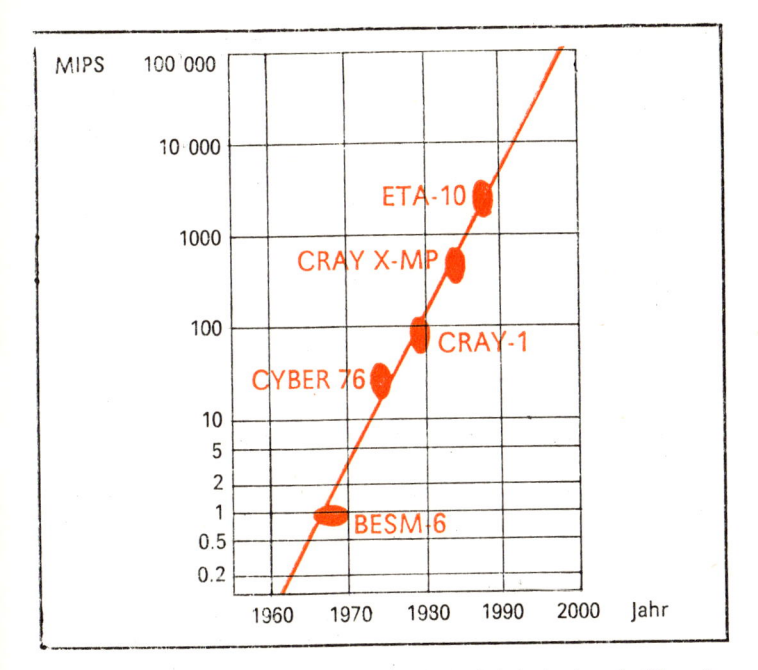

Abb. 33 Die Entwicklung der Rechengeschwindigkeit der jeweils führenden Computer der Welt erfolgt noch immer nach einem einfachen Exponentialgesetz.
MIPS = Millionen arithmetische Instruktionen/s = $0.01 \cdot \exp(0.37 \cdot t)$,
t = Jahre seit 1955
Wird die Ordinate (MIPS) logarithmisch geteilt, ergibt sich obige Gerade.

Sekunde), der Nachfolger CRAY X-MP sogar 300 bis 500 MIPS bei einer 64-bit-Wortlänge schaffte. Für eine 10-Tage-Vorhersage müssen ca. 1 Billion (10^{12}) arithmetische Operationen ausgeführt werden. Mit der Ausgabe und der ebenfalls weltweiten Verbreitung der Rechenergebnisse wird dann im Zeitraum 01 bis 03 Uhr UTC des Folgetages begonnen.

Das ECMWF-Prognosemodell wurde und wird laufend verbessert. Die Version von 1984/85 unterteilt die gesamte Erdatmosphäre in 15 Flächen, 4 davon liegen allein in den untersten 1,5 km, da die Prozesse innerhalb der Grundschicht wegen ihrer Nähe zur Erdoberfläche besonders verwickelt und wichtig sind. Alle Vorgänge oberhalb einer Höhe von 25 km werden ignoriert, soweit sie die Atmosphäre betreffen. In der Horizontalen bilden

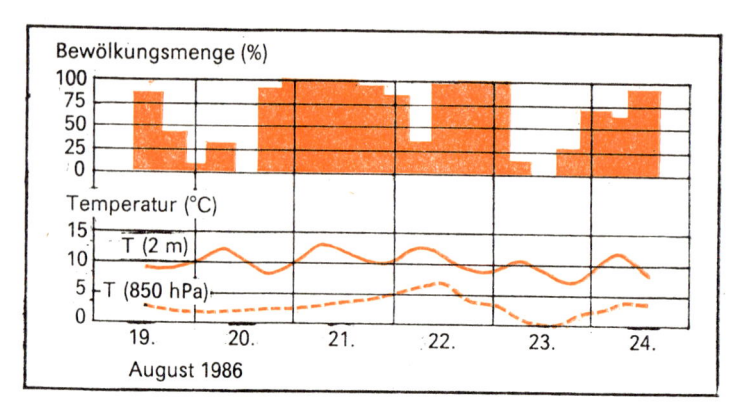

Abb. 34a Teil einer vollautomatischen, auf Bildschirm farbig dargestellten Wettervorhersage des hydro-thermodynamischen ECMWF-Modells
Das METEOGRAMM kann für jeden beliebigen Ort der Erde berechnet werden; hier für Melbourne in Australien. Es wurde aus den umliegenden Gitterpunkten des Rechenmodells ohne jegliche Korrektur oder statistische Interpretation abgeleitet.
Die globalen Anfangsdaten stammen vom 19. August 1986, 12 UTC, und das METEOGRAMM stellt für die folgenden 120 Stunden den zeitlichen Verlauf (u. a.) der Bewölkungsmenge (0 % = wolkenlos, 100 % = bedeckt), der Temperatur in 2 m Höhe und im 850-hPa-Niveau (ca. 1,5 km Höhe) dar.

$96 \times 192 = 18\,432$ Gitterpunkte das Rechennetzwerk. Der Abstand beträgt im allgemeinen 1,875 Breiten- und Längengrade, was am Äquator einem Gitterpunktsabstand $\triangle x$ von 208 km entspricht. Der angemessene Zeitschritt $\triangle t$ beträgt 15 Minuten, d. h., für eine 10-Tage-Prognose müssen 960mal alle Modellvariablen für 18 432 Gitterpunkte in 15 verschiedenen Höhenniveaus berechnet werden! Das Analyse-und-Prognose-Programm umfaßt übrigens 100 000 Anweisungen.

Es leuchtet ein, daß nur wenige Zentren auf der Erde, ausgerüstet mit der jeweils leistungsstärksten Rechentechnik, sich dieser Aufgabe stellen können. Bedenken wir, daß Ende der 80er Jahre mit einem mindestens 19 Flächen umfassenden Modell und einer globalen räumlichen Auflösung von $\triangle x = 50$ km (1987 bereits 120 km) gerechnet werden soll und daß zunehmend die Lösung des Problems der Langfristvorhersage – über 2 Wochen hinaus – auf der Tagesordnung steht, so wird klar, welche gigantischen Anforderungen die Meteorologie an die Computer- und Nachrichtentechnik stellt, um wieder ein Stück voranzukommen.

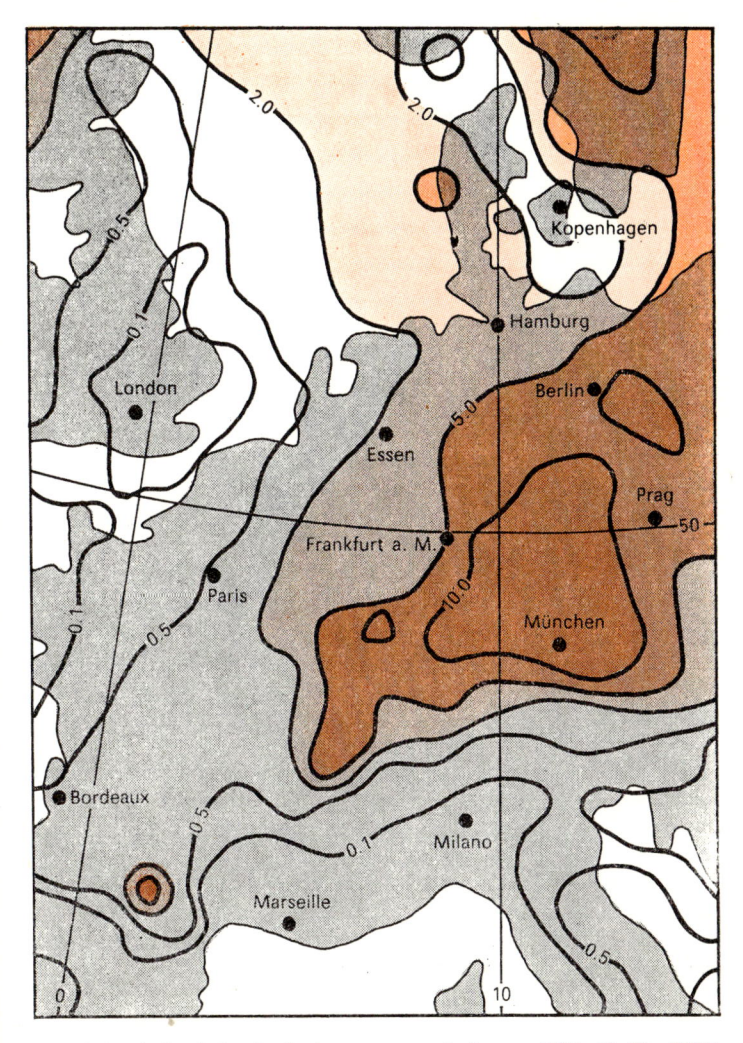

Abb. 34b Anhand der Beobachtungen vom 1. August 1987, 00 Uhr UTC, berechnete 24stündige Niederschlagsmengen (mm) für Europa (BKN-Modell, Offenbach)

So sehr eine Halbierung von $\triangle x$ immer erwünscht sein wird – die Probleme der Anfangsdatenbeschaffung einmal außer acht gelassen –, so erfordert dies doch im Prinzip immer eine neue

Computergeneration, denn eine Halbierung von $\triangle$x vervierfacht die Gitterpunktanzahl, halbiert automatisch den Zeitschritt $\triangle$t und benötigt somit einen 8mal schnelleren Computer. Ein globaler Einstieg in den Mesomaßstab atmosphärischer Phänomene – noch vor 10 bis 15 Jahren von vielen für nahezu unmöglich erachtet! – wird uns demnächst z. B. in den Stand setzen, die ›Lebensgeschichte‹ räumlich kleinerer, aber sehr intensiver und gefährlicher Wirbel, wie tropische Wirbelstürme (Hurrikane, Taifune) oder Zyklonenneubildungen im Lee großer Hindernisse (Genua-, Grönlandzyklonen), besser zu modellieren.

Man muß sich auch vergegenwärtigen, daß immer mehr praktisch interessierende Wettergrößen mittels der hydrothermodynamischen Modellierung auf *direktem* Wege berechnet und dem Beratungsmeteorologen präsentiert werden können. Gab es früher lediglich reine Druck- bzw. Geopotentialvorhersagen sowie Prognosen von Temperatur und Wind aus der freien Atmosphäre, so folgten im Angebot inzwischen Niederschlag, Bewölkung und Vorhersagen der bodennahen Temperatur, der Luftfeuchte und des Windes.

Wenn wir uns fragen, wodurch in erster Linie die Fortschritte in der numerischen kurz- und mittelfristigen Wettervorhersage zustande kamen, so fällt es schwer, nur einen Faktor anzuführen. Vieles bedingt einander. Aber ausschlaggebend waren wohl:
– mehr und genauere Beobachtungsdaten,
– ein schnellerer und sicherer Datenaustausch, wobei die Satellitentechnik ständig an Bedeutung zunimmt,
– die horizontale und vertikale Modellauflösung werden immer feiner, so daß ein immer größerer Teil des atmosphärischen Turbulenzspektrums direkt modellierbar wird, einschließlich vieler seiner *Wechsel*wirkungen,
– Verbesserung der Parametrisierungsphysik aller (noch) nicht im Gitternetz direkt simulierbaren Prozesse,
– anhaltende Leistungssteigerung der Computertechnik, vor allem hinsichtlich der Rechengeschwindigkeit.

Läßt sich die Güte der Vorhersage vorhersagen?

Für das Winterhalbjahr November 1979 bis April 1980 wurden alle Geopotentialprognosen des ECMWF-Modells daraufhin überprüft, welche zonalen Wellenlängen auf der Nordhalbkugel (20° bis 82,5° Breite) und für die gesamte Troposphäre befriedigend gut prognostiziert wurden. Als Gütegrenzwert wurde der Anomaliekorrelationskoeffizient von 0,80 gewählt, der besagt, daß rund $^2/_3$ der wirklich eingetretenen Geopotentialänderungen prognostisch richtig erfaßt wurden.

Zonale Wellenzahl	1–3	4–9	10–20
entspricht in 55° n. Br. einer Wellenlänge bis	7 700	2 600	1 100 km
maximal vorhersagbar	6,4	4,7	3,5 Tage im voraus
mindestens vorhersagbar	1,2	1,7	0,6 Tage im voraus

Aus diesen Angaben sind zwei außerordentlich wichtige Konsequenzen ablesbar. Erstens läßt die Vorhersagegüte – offenbar gesetzmäßig – nach, je feinere Details mit einer größeren Wellenanzahl je Breitenkreis prognostisch richtig erkannt werden sollen. Und zweitens schwankt die Vorhersagegüte – meist von Tag zu Tag – in einem überraschend weiten Spielraum, ohne daß man schon genauer wüßte, worauf dieses Phänomen im einzelnen zurückzuführen sei. Ganz allgemein wird die Ursache natürlich in den unterschiedlichen Graden der Instabilität der atmosphärischen Zirkulation zu suchen sein. Aber wie lassen sie sich quantitativ angeben? Gibt es vielleicht auf der Erde neuralgische Punkte oder Gebiete, wo zu einem bedeutenden Teil eine mögliche Umstellung der Zirkulation provoziert wird? Oder lassen

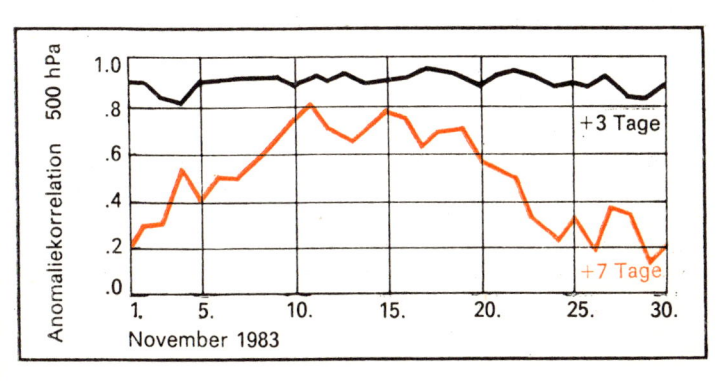

Abb. 35 Die Güte 3- und 7tägiger Prognosen (ECMWF-Modell) des 500-hPa-Niveaus der Nordhemisphäre im November 1983 zeigt bemerkenswerte Unterschiede: Schwanken die 3tägigen Prognosen nur gering um ein vergleichsweise hohes Güteniveau, so variiert die Fähigkeit des Modells, die weitere »Wetter«entwicklung 1 Woche im voraus zu bestimmen, beträchtlich.

sich vielleicht gewisse Muster einer Anfangszirkulation von vornherein (!) in Gruppen verminderter oder erhöhter Prognosegüte einordnen?

Gegenwärtig gehört die Aufhellung gerade dieses Fragenkomplexes zu den aufregendsten Forschungsgebieten der Meteorologen, scheinen sich doch überraschend neuartige Möglichkeiten einer ›Vorhersage der Vorhersagegüte‹ zu ergeben. Auch wenn der traditionelle Synoptiker schon immer ein gewisses Gespür dafür hatte, es prognostisch mit unterschiedlich komplizierten Wetterlagen zu tun zu haben – ein Teil der Synoptiker plädierte sogar dafür, in Fällen extrem undurchsichtiger Ausgangslagen überhaupt keine Vorhersagen zu publizieren –, nunmehr eröffnet sich erstmalig die Chance, in quantitativer Weise die subjektiv schwankenden ›Gefühle‹ zu ersetzen. Man darf vermuten, daß die praktische Verwertbarkeit, der Gebrauchswert einer Vorhersage also, gerade mittelfristiger Prognosen dadurch noch mehr gewinnen wird, die der langfristigen, z. B. Monatsvorhersagen, sogar erst ermöglicht werden wird!

So wie sich längst erwiesen hat, daß die Vorhersage von wirklichen Wetterelementen und -erscheinungen in Wahrscheinlichkeitsform mehr Informationen enthält als die traditionell noch übliche Ausgabe in kategorischer Form – eben weil der stets schwankende Grad der Zuverlässigkeit seinen quantitativen Ausdruck findet –, so wichtig und richtig ist es, dies von jeder Art Vorhersage, also auch von der üblichen Druckfeldprognose, zu fordern. Praktisch läuft es darauf hinaus, anzuerkennen, daß keine Vorhersage vollständig ist ohne eine Vorhersage ihrer zu erwartenden Güte. Strenggenommen gilt dies natürlich für alle nur denkbaren Aussagen über zukünftige Entwicklungen und Ereignisse, nicht nur für meteorologische!

Vom synoptisch arbeitenden Beratungsmeteorologen wird gefordert, den wechselnden Grad der Sicherheit auf subjektive Weise zu schätzen. Nach einer Trainingsphase von etwa 1 Jahr gelingt ihm dies in der Regel erstaunlich gut. Diese Prozedur gehört mittlerweile in den fortgeschrittensten Wetterdiensten der Erde zur täglichen Routine. Statistische Methoden der Wettervorhersage vermögen aus einer geeigneten Analyse *vieler* vergangener Wetterlagen bestimmte Rückschlüsse auf die Wahrscheinlichkeit des zu erwartenden Wetters zu ziehen.

Wie aber soll man ausgerechnet mit den deterministischen (!) Ansätzen der numerischen Wettervorhersage zu Wahrscheinlichkeitsaussagen gelangen? Ein Widerspruch in sich selbst! Aber wir wissen, daß die Modelle durchaus *eine* Eigenschaft der Atmo-

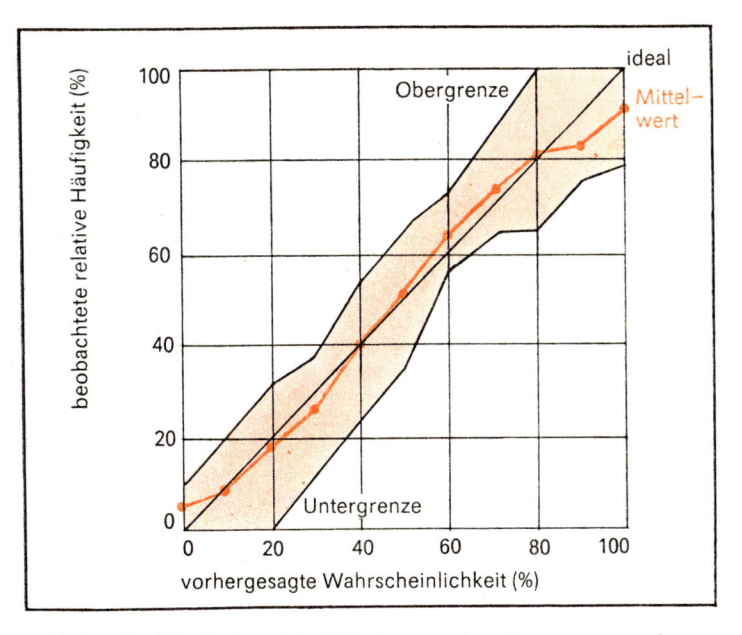

Abb. 36 Im Mittel über viele Fälle ist von einer Prognose zu verlangen, daß ihre geschätzte Wahrscheinlichkeit für das Eintreffen eines Ereignisses E übereinstimmt mit der relativen Häufigkeit des wirklich beobachteten Auftretens von E. Innerhalb einer unvermeidlichen Schwankungsbreite (Halbjahreswerte verschiedener Jahre an verschiedenen Wetterdienststellen der DDR) gelingt dies dem Meteorologen recht gut.
Interessanterweise überschätzt er aber etwas seine Sicherheit, wenn er sich »ganz sicher« fühlt: Bei 100 %-Prognosen über E = Niederschlag innerhalb von 12 Stunden an einer Station regnete es in 8 % aller Fälle nicht!

sphäre widerzuspiegeln in der Lage sind, nämlich ihre wechselnde Sensitivität, Empfindlichkeit gegenüber kleinsten Störungen ihres meist labilen Gleichgewichts. Besonders intensiv wurde und wird diese Sensitivität getestet, indem die Anfangsfelder (Analysen) in vernünftiger Weise ›verunsichert‹ werden. Folgende vier Varianten wurden bisher ersonnen:
– Von der ›wahren‹ Analyse werden mehrere (C. E. Leith, 1974, arbeitete mit 8) unwesentlich modifizierte Analysen erzeugt, deren Unterschiede kaum zu erkennen sind, da die Beträge der zufällig angebrachten Störungen weit unterhalb der Meßgenauigkeit liegen können. Das Prognosemodell wird auf jede einzelne

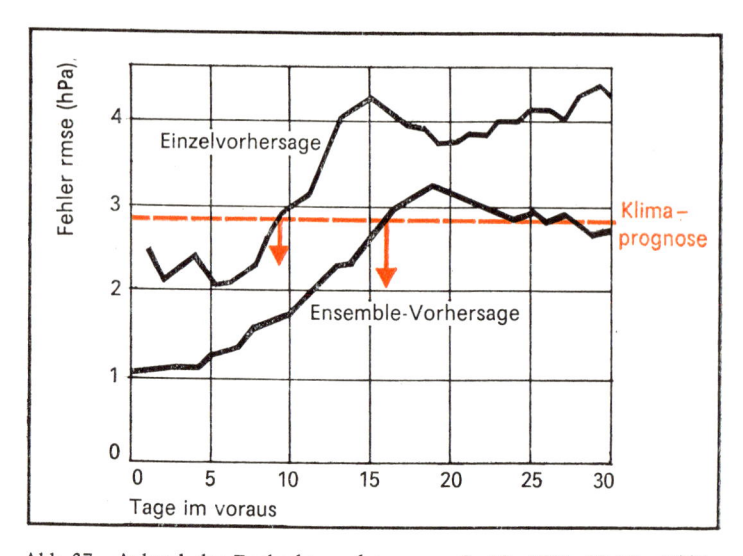

Abb. 37 Anhand der Beobachtungsdaten vom 9. 12. 1972, 00 Uhr UTC, wurde die Entwicklung des globalen Bodendruckfeldes für 30 Tage im voraus berechnet und an 60 Orten der USA überprüft. Den mittleren Fehler rmse zeigt die obere Kurve. Im Vergleich mit einer simplen Klimavorhersage endet in diesem Fall die Vorhersagbarkeit am 9. Folgetag. Diese praktische Grenze ließ sich um 1 Woche erweitern, indem eine Ensemble-Vorhersage in folgender Weise konstruiert wurde: Alle Luftdruck-, Temperatur- und Windmeßdaten wurden zufällig gestört, d. h. mit geringfügigen, noch unterhalb der gegenwärtigen globalen Beobachtungsfehler liegenden Abweichungen versehen: Druck $\pm$ 3 hPa, Temperatur $\pm$ 1 K, Wind $\pm$ 3 m/s. Von bis zu 33 (!) gestörten Analysen wurden erneut Vorhersagen berechnet und gemittelt. Den Fehler dieser sogenannten Ensemble-Vorhersage zeigt die untere Kurve. Der optimale Umfang des Ensembles liegt zwischen 4 und 8 Einzelvorhersagen (nach Seidman, 1981).

Analyse angesetzt. Die je nach Ausgangslage und zeitlicher Vorhersagedistanz mehr oder weniger unterschiedlichen Prognoseergebnisse werden Gitterpunkt für Gitterpunkt gemittelt und mit einem Maß der Streuung (der Einzelwerte um den Mittelwert) versehen. Daraus ist unschwer die regionale Verteilung der atmosphärischen ›Freiheitsgrade‹ zu erkennen, also ihr objektiver Spielraum, sich so und nur so zu verhalten oder auch ganz anders. Übrigens eine hochinteressante Form und Bestätigung des dialektischen Determinismus! Epikur und Engels (s. seine Gedanken in der »Dialektik der Natur«) hätten ihre Freude daran gehabt.

– Eugenia Kalnay, 1983, verwendete nur ›wahre‹ Analysen, indem sie aus im Abstand von 6 bzw. 12 Stunden aufeinanderfolgenden Routineanalysen mittel- und langfristige Prognosen für ein und denselben Prognosetermin erzeugte und wie oben weiterverarbeitete. Unwillkürlich wird man an eine Idee von H. Flohn erinnert, der 1953 im Zusammenhang mit einer möglichen Überwindung eines Teils der grundsätzlichen Probleme der Wettervorhersage folgendes zu bedenken gab: Bei den synoptischen und statistischen Vorhersageverfahren wird ausgiebig von der durch die Beobachtungen gegebenen Kenntnis der historischen *Entwicklung* vor der Momentaufnahme Gebrauch gemacht, die die Anfangswerte für die dynamischen Modelle setzt, die ganz bewußt auf dieses Wissen verzichten. »Bei der Unsicherheit der Anfangswerte«, meinte er, »erscheint eine solche mathematische Überbestimmtheit als ein schätzungswertes Ziel.« Erst diese oder eine andere Überbestimmtheit eröffnet dem ursprünglich deterministischen Modell die Fähigkeit, Möglichkeitsfelder zukünftiger Ereignisse zu entwerfen.

– Auch die Variante: Gleicher Analysetermin, aber verschiedene Datengrundlage (alle verfügbaren Daten/ ohne Satelliteninformation/ ohne Temperaturdaten/ ohne Windinformation/ usw.) wurde erfolgreich getestet (E. Kalnay und A. Dalcher, 1987). Ihnen gelang nachzuweisen, daß zwischen der Streubreite der verschiedenen Einzelvorhersagen (für das 1 000- bzw. 500-hPa-Niveau über Europa bzw. Nordamerika) und der Güte der auf der vollständigen Analyse beruhenden Prognose ein genügend starker Zusammenhang besteht. Je größer die Lösungsunterschiede, um so unsicherer und unzuverlässiger die Prognose.

In der folgenden Tabelle stellten sie zusammen, wie oft auf der Grundlage dieser Erkenntnis vorhergesagt und beobachtet wurde, daß die Güte der Prognosekarten schon *vor* bzw. erst *nach* 5 Tagen unter einen bestimmten Grenzwert (Anomaliekorrelationskoeffizient = 0,60) absinkt.

	eingetroffen	
Vorhersage	< 5 d	≥ 5 d
< 5 d	39	11
≥ 5 d	7	55

– Schließlich wurde zusätzlich noch einer von den Synoptikern schon lange gehegten Vermutung nachgegangen, daß nämlich die Sicherheit der weiteren Wetterentwicklung unter anderem auch

Tabelle:	Fehler von 5 verschiedenen Modellen der numerischen Wettervorhersage
	Höhenwetterkarte 500 hPa, +72 Stunden im voraus, Testzeitraum: Januar bis März 1983

Nationales Meteorologisches Zentrum	rmse (m)
Großbritannien	59
USA	62
Frankreich	63
Japan	65
BRD	68
Durchschnittlicher Fehler:	63,5
Ensemble-Vorhersage	47

d. h. 45 % der Fehlervarianz konnten allein durch eine Mittlung der 5 Einzelfelder reduziert werden. In der Regel sind die Unterschiede zwischen den Modellen vergleichbar mit dem Unterschied zwischen Modell und Wirklichkeit. Der günstige Kombinationseffekt der sog. Ensemble-Vorhersage-Technik stellt sich nicht nur im Mittel, sondern auch in jedem Einzelfall ein.

Abb. 38 Die »Unvernunft« des Betreibens vieler ähnlicher Modelle erweist sich gegenwärtig als *eine* Quelle genauerer Vorhersagen.

zu einem Teil davon abhängt, wie einig sich die Prognosekarten der verschiedenen meteorologischen Zentren sind. Jedes Zentrum in Washington, Reading, Bracknell (U. K.) und Offenbach – um die für Europa bedeutendsten einmal zu nennen – verwendet leicht unterschiedliche Analyse- und Prognosemodelle. Mit zunehmendem Vorhersagezeitraum wachsen in der Regel die Unterschiede mehr oder weniger stark an. Als beste Prognose hat sich auch hier eine einfache Mittelwertbildung aller Einzelergebnisse herausgestellt. Ähnlich erstaunliche Erfahrungen bezüglich des auch quantitativ nachweisbaren Effekts der Weisheit des Kollektivs liegen aus der Praxis der operativen Wettervorhersage seit geraumer Zeit vor, wo im allgemeinen der Schwerpunkt vieler Einzelmeinungen näher an der Wahrheit liegt als die beste Einzelmeinung! Mit dieser ›demokratischen Willensbildung‹ bzw. subjektiven Kombinationsstrategie ließ sich z. B. an der Zentralen Wetterdienststelle Potsdam die Fehlervarianz von Vorhersagen der Niederschlagswahrscheinlichkeit um 15 % verringern.

Mensch-Maschine-Kombination: das Optimum

Ohne Zweifel hat die Genauigkeit der numerischen Wettervorhersage in beeindruckender und (noch) nicht nachlassender Weise zugenommen bzw. die Fehlerstreuung – als *ein* Maß der Differenz zwischen Modell und Wirklichkeit – abgenommen. Verkürzt kann man sagen, daß Mitte der 80er Jahre die Qualität einer 6-Tage-Vorhersage der einer 2-Tage-Prognose 10 Jahre zuvor entsprach.

Einen anderen interessanten Vergleich stellte 1985 Lennart Bengtsson vom ECMWF an. Die Universität von Stockholm war Anfang der 50er Jahre mit führend in der Entwicklung numerischer Prognosemodelle. Aus dieser Zeit liegt noch die mittlere Fehlerstreuung der 24stündigen Vorhersagen der 500-hPa-Fläche (›Höhenwetterkarte‹) mit Hilfe des barotropen 1-Schicht-Modells vor – sie betrug 76 m.

Dreißig Jahre später wurde dasselbe unrealistisch einfache Modell noch einmal gerechnet, aber man begann mit einer zu diesem Zeitpunkt üblichen, d. h. wesentlich zuverlässigeren Analyse – die Fehlerstreuung erreichte nur 47 m. Mit einiger Vorsicht kann man daraus schließen, daß der größte Teil (62 %) der Fehlervarianz (= Quadrat der Fehlerstreuung) früherer Modelle allein auf der ungenügenden Kenntnis des Anfangszustandes beruhte.

›Nur‹ 30 % der ursprünglichen Fehlervarianz ließen sich zusätzlich durch Verbesserungen am Prognosemodell verringern, wie der Test mit dem ECMWF-Modell im Januar 1981 ergab (Fehlerstreuung: 22 m). Die Steigerungen der Genauigkeit kamen vor allem den *mittel*fristigen, weniger den kurzfristigen Vorhersagen zugute, wie folgende Angaben belegen (500 hPa, Europa):

rmse [m] Vorhersage	Barotropes Modell		operatives ECMWF-Modell	
	NOV 1951–APR 1954	JAN 1981*)	JAN 1981	JAN 1984
+ 24 Std.	76 m	47	22	21
+ 48		97	41	38
+ 72		151	62	57
+ 96			85	75

*) mittels ECMWF-Analysen!

Strenggenommen verdiente die numerische *Wetter*vorhersage bis vor kurzem noch nicht diesen Namen, denn Druckfelder sind das

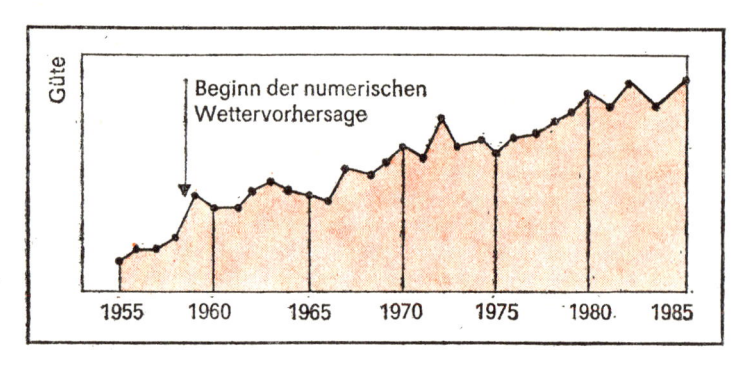

Abb. 39 Die Entwicklung der Güte 36stündiger Vorhersagen des 500-hPa-Niveaus (»Höhenwetterkarte«) über Nordamerika nach Unterlagen des Nationalen Meteorologischen Zentrums Washington. Vor 1959 erfolgte die Konstruktion dieser Vorhersagekarten subjektiv und manuell.

eine, wirkliches Wetter aber das andere. Sicher, die Erfolge der praktischen Vorhersage wirklich interessierenden Wetters beruhten vor allem auf dessen nicht zu übersehendem Zusammenhang mit den verschiedenen Druckfeldern und ihren Änderungen. Dieser Zusammenhang aber ist statistischer Natur, d. h., gleiche, genauer: ähnliche Druckfelder können sehr verschiedenes Wetter im Gefolge haben, und fast identisches Wetter kann durchaus bei verschiedenen Wetterlagen auftreten. Im wesentlichen verhinderte gerade dieser nichtfunktionale Zusammenhang ein ähnlich starkes Ansteigen der Prognosengüte wirklichen Wetters. Ja, lange Zeit schien es sogar, als ob diese Güte auf einem durchaus als unbefriedigend empfundenen Niveau stagniere. Mit anderen Worten: Der Beratungsmeteorologe tat sich offenbar schwer, die unbestreitbaren Fortschritte der numerischen Prognosen in genaueres Wetter umzusetzen.

Seit Mitte der 60er Jahre begann man aber, statistische Verfahren zu entwickeln, die in der Lage sind, dem Meteorologen bei eben jener Transformation: ›Großräumiges Druckfeld → lokales Wetter‹ behilflich zu sein. Diese Umkehroperation zur Parametrisierung wird *statistische Interpretation* genannt.

Sie bedient sich klassischer und neuester Methoden, Verfahren und Modelle der mathematischen Statistik und Wahrscheinlichkeitsrechnung genauso wie moderner Anregungen der Spieltheorie und Kybernetik, um einen quantitativen Zusammenhang zwischen vielerlei ›Einflußgrößen‹ (= Prediktoren, wie Beobachtungsdaten und Prognosen dynamischer, statistischer oder auch synoptischer

Herkunft) und einer ›Zielgröße‹ (= Prediktand; im allgemeinen *ein* meteorologisches Element an *einem* Ort oder Gebiet zu einem bestimmten Zeitpunkt oder Zeitintervall im voraus) abzuleiten. Es kann hier leider nicht der Ort sein, auch noch auf die Probleme der statistischen Wettervorhersage näher einzugehen; gleichwohl sei aber wenigstens auf das Hauptproblem jeder statistischen Modellierung einmal hingewiesen.

Im Unterschied zum deduktiven Ansatz der dynamischen Modelle geht die statistische Vorhersagemethode im wesentlichen induktiv vor, d. h., sie beginnt mit der Analyse sehr vieler Einzeldaten realer Atmosphärenzustände und sucht in ihnen allgemeingültige Gesetzmäßigkeiten. Um das Besondere abzubilden, bedarf es der Gruppierung, der Klassifikation der Gesamtdaten, was den spezifischen Umfang der Daten unter Umständen drastisch schmälern kann. Die für den Statistiker eigentlich immer zu geringen Datenumfänge und die im allgemeinen sehr große Anzahl möglicher Einflußgrößen (100 ... 10 000), aus denen die ›geeignetsten‹ ausgewählt werden müssen, lassen das Problem der statistischen Stabilität entstehen. Es tritt immer dann unangenehm in Erscheinung, wenn statistische Prognoseverfahren in der späteren praktischen Anwendung nicht das halten, was sie in ihrer Entwicklungsphase an zu erwartender Prognosegüte versprachen. Diese sehr oft zu beobachtende mangelnde ›Erwartungstreue‹ ist nichts anderes als ein Ausdruck dafür, daß in den statistischen Relationen nicht nur wesentliche, sondern auch zufällige Zusammenhänge zwischen Prediktoren und Prediktand modelliert wurden. Deswegen wird gegenwärtig vor allem nach zuverlässigeren Kriterien gesucht, die dies verhindern helfen.

Die statistische Interpretationsvorhersage hat sich inzwischen zu einem festen Bestandteil im *System* der Wettervorhersage entwickelt, das im wesentlichen auf drei Beinen steht: der *dynamischen* Feldvorhersage, der *statistischen* Interpretation eben dieser Felder und der *synoptischen* Finalprognose. Das Adjektiv ›synoptisch‹ bedeutet dabei heutzutage etwas anderes als vor einem Jahrhundert. Es meint nicht mehr allein die synoptische Wetterkarte und das zugehörige Regelwerk zur Ableitung prognostischer Vorstellungen, sondern die Zusammenschau aller operativ verfügbaren diagnostischen und prognostischen Unterlagen nebst den neuerworbenen Fähigkeiten zu einer subjektiven Interpretation der Vorhersagekarten und einer subjektiven *Kombination* bzw. Synthese aller, unter Umständen verschiedener Vorhersagen eines bestimmten Wetterelements.

Gerade von dieser letzten Fähigkeit hängt heute ganz entschei-

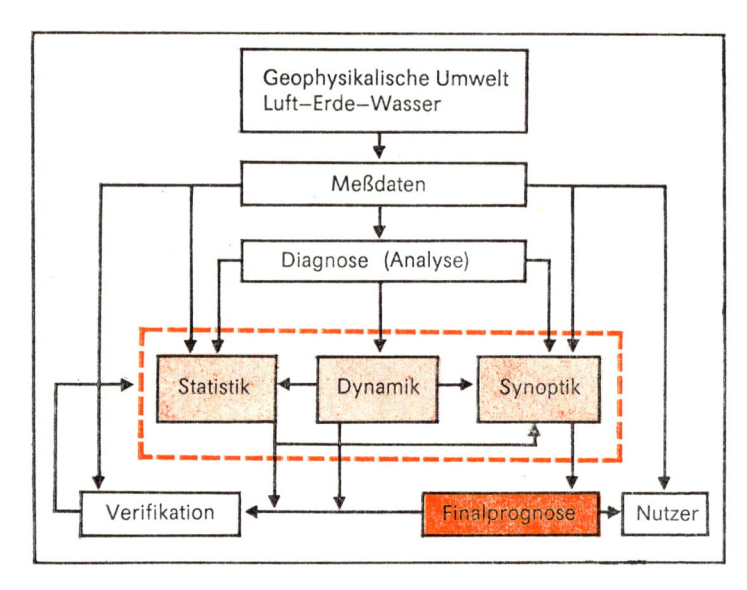

Abb. 40 Schema des modernen Systems der Wettervorhersage mit den zentralen Komponenten: Dynamische Feldvorhersage, statistische Interpretation und Synthese aller Unterlagen durch den Beratungsmeteorologen vom Dienst.
Die ständige Überprüfung aller Vorhersagen an der Wirklichkeit (Verifikation) wird u. a. zur Vervollkommnung dieses Systems benötigt.

dend der Erfolg des ›Meteorologen vom Dienst‹ und damit der veröffentlichten Wettervorhersage ab.

Aus vielen Meinungen und Hinweisen *eine* Endaussage abzuleiten und zu formulieren ist deswegen nicht so einfach, weil das optimale Gewicht jeder Einzelaussage von sehr vielen Faktoren abhängt, unter anderem von der speziellen Wetterlage, vom Wetterelement, von der Jahreszeit, von Änderungen an den dynamischen Modellen und an den statistischen Interpretationsverfahren, von den persönlichen Stärken und Schwächen jedes einzelnen Beratungsmeteorologen usw. Nur sehr langsam vermögen sich eher qualitative Urteile abzuheben, etwa in der Art: Das ECMWF-Modell ist zwar im Mittel genauer als das des Regionalen Meteorologischen Zentrums (RMC) Offenbach, aber da letzteres an den beiden Vortagen erfolgreicher war, trauen wir ihm das auch heute zu. Oder: Die vollautomatische Bodenwindvorhersage (mittels statistischer Interpretation) für einzelne Orte und Zeitpunkte kann durch den Synoptiker im Mittel kaum noch verbessert werden. Oder: Der Kollege N. erfaßt in der Regel winterliche Kaltlufteinbrüche besonders gut, während M. Spezialist für Sturmwarnungen ist ... Auch die zeitliche Vorhersagedistanz entscheidet über die Gewichte. Allgemein läßt sich sagen, daß das relative Gewicht des Synoptikers zunimmt, je kürzer die Prognosedauer ist, während das Gewicht der ›Maschine‹ (Dynamik und Statistik) wächst, wenn von der Kurzfrist- (+12...+36 Stunden) zur Mittelfristvorhersage (+2...+7 Tage) übergegangen wird.

Ganz vereinzelt gibt es auch schon praktisch erfolgreiche Versuche, Teile dieser eben beschriebenen Kombinationsstrategie zu objektivieren, d. h., sie in geeignete Algorithmen zu fassen und deren Abarbeitung an den Computer zu delegieren.

Die Gesamtaufgabe erscheint recht umfassend, wenn man an die verschiedenen Arten der Kombination unterschiedlicher Aussagen zum gleichen meteorologischen Element denkt:
- verschiedene dynamische Modelle eines bzw. mehrerer meteorologischer Zentren
- verschiedene Verfahren der statistischen (Interpretations-) Wettervorhersage
- Dynamik + Statistik = ›Maschinen‹-Vorhersage
- Dynamik + ›Mensch‹ = synoptische Meinung
- verschiedene Meinungen mehrerer Meteorologen im Beratungsdienst
- ›Maschine‹ + Synoptiker = Finalprognose

Es erscheint nicht als abwegig, anzunehmen, daß eine geeignete algorithmische Lösung dieser Syntheseaufgabe in Zukunft einen interessanten Beitrag zur Verbesserung der Wettervorhersage liefern wird.

Noch wichtiger freilich wird es sein, auch *meso*skalige Strukturen und die dazugehörigen Wetterelemente mit dynamischen Modellen vorherzusagen. Dann werden sowohl das Gewicht der ›Maschinenprodukte‹ als auch – was eng damit zusammenhängt! – die Qualität der veröffentlichten Kürzestfristvorhersage (bis +12 Stunden) merklich zunehmen. Dem zeitlichen Maßstab entsprechend werden dabei vor allem eine feinere räumliche Detaillierung der Prognosen angestrebt und eine Verbesserung der Vorhersagen gerade der seltenen, gefährlichen Wettererscheinungen erwartet, die Gegenstand von Warnungen oder Katastrophenalarmen sind, wie Sturm, Starkniederschlag (auch Schnee), Gewitter, Glatteis und Nebel.

Die Prognoseaufgabe am anderen Ende des Spektrums, wo bis-

```
FXDD52 DIPD 100000

INTERPRETATIONSVORHERSAGE

      NORMAL MAX V SD V RHK      RR WO W5 WIND    MIN V  RR WO W5 WIND

170   -1  2   3 8  1 7 63 32   5 1.1 89  5 22 7   -1 9 0.8 89  5 23 8
185   -3  2   2 8  9 6 53 26  21 0.8 84  0 22 7   -1 9 0.9100  5 22 7
162   -2  2   2 8  1 7 63 32   5 1.4 89 11 21 7   -2 8 1.3 95 11 22 8
280   -4  2   2 8  3 6 58 32  11 1.1 74  0 22 7   -2 9 0.7 95  5 24 7
291   -4  1   2 8  3 6 58 32  11 0.9 79  5 22 5   -2 9 1.1 79 11 24 5
361   -2  3   3 8  8 7 58 26  16 0.5 68  5 22 7   -2 9 0.9 79  0 22 6
379   -3  2   2 8 12 6 47 37  16 0.8 74  5 23 8   -2 9 1.0 84  5 22 8
398   -4  2   2 7 26 5 33 42  25 0.7 79  5 19 6   -1 8 1.8 68 11 22 7
492   -4  2   3 6 17 7 47 47   5 0.5 63  0 21 6   -1 9 1.1 79  5 22 6
469   -3  3   3 7  4 6 63 32   5 0.3 68  0 22 8   -1 9 0.8 68  5 22 7
488   -2  3   4 6 18 7 37 58   5 0.4 63  0 17 6    0 9 0.9 79 11 24 7
499   -3  2   3 3  9 8 53 37  11 0.4 68  0 2010   -0 7 1.3 74  5 2010
554   -4  2   3 6  2 6 58 32  11 0.5 58  0 24 8    0 8 0.5 74  0 23 8
558   -5 -1   1 5  0 8 74 26   0 1.7 89 26 23 6   -2 7 2.8 95 37 22 5
577   -4  2   3 6 19 9 42 53   5 0.5 50  0 22 9   -1 8 0.9 79 11 22 9
```

Abb. 41 Beispiel einer vollautomatischen Wettervorhersage (Telex-Bulletin) für 15 Orte der DDR aus dem Jahre 1978 (Ausschnitt).
In Potsdam (Stationskennziffer 379 in der 1. Spalte) soll es bei Temperaturen zwischen +2 (MAX) und —2 °C (MIN) in den nächsten 24 Stunden 1,8 mm Niederschlag (RR) geben, stark bewölkt sein (die Sonnenscheindauer SD soll nur 12 % der astronomisch möglichen erreichen), und der Wind wird aus Südwest (23 bzw. 22 Dekagrad der 360° Skala) mit einer Geschwindigkeit von 8 m/s erwartet.
Weitere Angaben:
NORMAL = Vieljährige Durchschnittswerte des täglichen Temperaturminimums und -maximums
RHK = Relative Häufigkeit bzw. Wahrscheinlichkeit dafür, daß die relative Sonnenscheindauer SD in die Klassen 0 bis 10, 11 bis 50 bzw. 51 bis 100 % fällt
RR = Niederschlagsmenge in mm/12 Stunden
W0, W5 = Wahrscheinlichkeit dafür, daß am angegebenen Ort in 12 Stunden Niederschlag von mehr als 0 bzw. 5 mm fällt.
In ähnlicher Weise erhält der Beratungsmeteorologe, seit 1978, mittelfristige Wettervorhersagen für 5 bis 7 Tage im voraus für vier Gebiete der DDR.

her – wie bei der Kürzestfrist – merkliche Erfolge ebenfalls ausblieben, die *Langfristvorhersage* nämlich, wird auch erst dann einer vertrauenswürdigen Lösung nähergeführt werden, wenn dieser volkswirtschaftlich so außerordentlich wichtige Bereich zwischen Wetter und Klima (Monate und Jahreszeiten) in den dynamischen Modellen der Meteorologie erfolgreicher als bisher prognostisch simuliert werden kann.

Wie steht es um die Langfristvorhersage?

Auch wenn in letzter Zeit, vor allem in den Medien, mehr und leidenschaftlicher über Freone und Ozonlöcher, CO_2 und Abschmelzen der polaren Eiskappen, Verschiebung ganzer Klimagürtel im Gefolge möglicher oder sogar ›sicherer‹ Umstellungen der allgemeinen Zirkulation der Atmosphäre diskutiert und spekuliert wurde, so sollte man in diesem Zusammenhang vielleicht zweierlei nicht ganz aus den Augen verlieren.

Erstens: Nach aller Erfahrung wachsen die Prognoseprobleme und -unsicherheiten mit zunehmender zeitlicher Vorhersagedistanz. Es ist also nicht recht einzusehen, warum ausgerechnet die Aussagen gegenwärtiger Modelle bzw. Szenarien für die Klimaentwicklung der nächsten Jahrzehnte und Jahrhunderte vertrauenswürdiger sein sollen als die derzeitigen Monats- oder Jahreszeitenvorhersagen. Natürlich ist nicht auszuschließen, daß trotz einfacher, ungenauer Modelle schon jetzt Alarm geschlagen werden muß, um mögliche, zumeist anthropogene Einwirkungen auf den Naturhaushalt – mit eventuellen irreversiblen Auswirkungen! – bewußtzumachen, in der Absicht, das Verhalten der Menschen zu ändern und . . . die Prognose sich nicht bestätigen zu lassen. Doch es sind durchaus einige Zweifel angebracht, ob die bisherigen Klimamodelle schon als hinreichend genau und zuverlässig angesehen werden können.

Die *internen* physikalischen Antriebe der Atmosphäre sind zwar immer besser erkannt worden, doch spielen sie so gut wie keine Rolle mehr, wenn es um Vorhersagen über 1 Jahr hinausgeht. An die Stelle der Lösung des Anfangswertproblems tritt die Modellierung anderer, äußerer Ursachen und Triebkräfte und ihrer wechselseitigen Beeinflussung. Solche externen Antriebe sind zum Beispiel:

– Ozeane (CO_2-Kreislauf, Wärmetransport und -speicherung, Wasserkreislauf, See-Eis, . . .)
– Erdoberfläche (Albedo!), vor allem hinsichtlich Schnee- und Eisbedeckung, Vegetation, Bodenfeuchte)
– anthropogene Faktoren, wie Verstädterung, Vernichtung der

Wald- und Savannengebiete, Produktion von CO_2, Abwärme, Staub und Spurengase, Landnutzung
– Vulkanismus (Staubeintrag, vor allem in die Stratosphäre)
– Sonnenaktivität
– periodische Änderungen der Erdbahnparameter infolge ihrer Störung durch die äußeren Planeten

Anders ausgedrückt: Die globalen Zirkulationsverhältnisse Mitte Juli 1987 bestimmen zu einem Teil bereits die mitteleuropäische Witterung des August 1987 und – schwächer – die des Frühherbstes. Sie sagen aber (fast) nichts mehr aus über den Sommercharakter der Folgejahre – die Atmosphäre hat kein Gedächtnis mehr dafür! Andere, ebenfalls zeitvariable (!) und zum Teil nicht vorhersagbare Einflüsse übernehmen die Steuerung.

Und selbst wenn statistische Auswertungen immer einmal wieder Hinweise auf versteckte Perioden und großräumige Zusammenhänge zwischen weit entfernten Zirkulationsanomalien zu geben scheinen, so stellen sich diese prognostischen Signale für praktische Zwecke meist entweder als viel zu schwach oder nur als eine vorübergehende Eigenschaft einer begrenzten Zeitepoche heraus, oder sie erweisen sich schlechtweg als statistisch instabil, da sie zwar die Schwankungen historischer Zeitreihen unter Umständen sehr gut zu erklären vermögen, nicht aber zukünftige. Nach aller bisherigen Erfahrung mangelt es ihnen zumeist an wirklichen Einsichten in das Gesetz.

Aus diesen hier nur angedeuteten Gründen ist die Prognoseleistung operativer Langfristvorhersagen praktisch Null, wenn man sich der Mühe unterzieht, sie an der ›rauhen Wirklichkeit‹ systematisch zu überprüfen *und* mit kostenlosen ›Prognosen‹ einfacher klimatologischer Erwartungswerte zu vergleichen.

Und das Fazit? Auch Klimavorhersagen über 1 Jahr hinaus erfordern die Entwicklung mehrfach gekoppelter, hochauflösender, dynamischer Modelle, allen voran solche, die die wechselseitig abhängigen Zirkulationen von Atmosphäre und Ozeanen beschreiben. Solche allerersten Schritte hin zu einem ›geophysikalischen Universalmodell‹ sind schon unternommen worden (unter anderem an der Columbia-Universität von New York). Zur Zeit wird eine Vorhersagbarkeit bestimmter Klimaelemente von ca. 2 Jahren für möglich gehalten.

Eine Alternative zur so verstandenen Klimamodellierung gibt es ohnehin nicht. Sie ist die einzige Methode, um den zukünftigen Kurs des Klimas unserer Erde vorsichtig abzuschätzen, wenngleich noch völlig ungeklärt ist, wie jemals die nicht zu vernachlässigen-

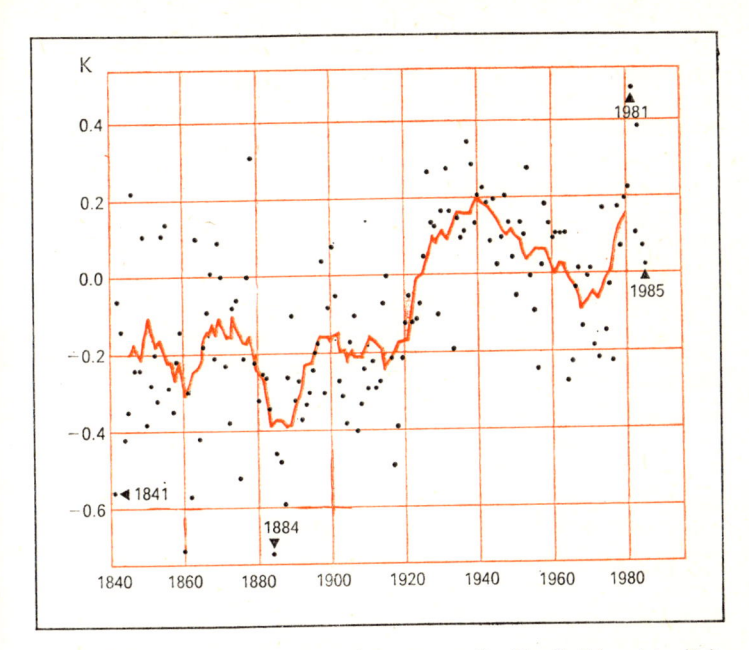

Abb. 42 Die mittlere jährliche Lufttemperatur der Nordhalbkugel im Zeitraum 1841 bis 1985 (Punkte) als Abweichung (K) vom Durchschnitt der Epoche 1951 bis 1975 (nach K. Vinnikov, 1987).
Die rote Kurve zeigt 10jährig übergreifende Mittelwerte. Zwischen dem kältesten Jahrzehnt (1883–1892 mit −0.391 K) und dem wärmsten (1935 bis 1944 mit +0.192 K) liegen nur 0.58 K, während nordhemisphärische *Jahresmittel* Unterschiede bis 1.21 K aufweisen (kältestes Jahr: 1884, wärmstes Jahr: 1981).

den Einflüsse ökonomischer Aktivitäten der Menschen und geologischer Prozesse mit der erforderlichen Genauigkeit parametrisiert, geschweige denn modelliert werden sollen.
Zweitens: Die Veränderlichkeit des Klimas (oder der Witterung) von *Jahr zu Jahr* ist sehr viel größer als jeder mögliche Klimatrend. Schon deshalb besitzt sie mehr Gewicht und wirtschaftliches Interesse. Und diese globale Veränderlichkeit im Jahres- oder auch Jahrzehntemaßstab ist wiederum klein zu nennen angesichts der großen räumlichen Unterschiede im Gefolge von Zirkulationsanomalien im Laufe eines Jahres oder einer Jahreszeit.
Beide Gründe – so steht zu hoffen – werden wohl für eine Intensivierung der Forschungsarbeit auf dem Felde der Langfrist-

vorhersage sorgen. Experimente mit dynamischen Zirkulationsmodellen für Vorhersagen über 1 bis 3 Monate hinweg werden seit mehr als 10 Jahren insbesondere in den USA, in Großbritannien, Japan und am ECMWF durchgeführt.

In diesem Zusammenhang ist eine gewisse Analogie mit der Zeit vor zwei Jahrzehnten nicht zu übersehen, als es darum ging, sich dem Problem der *Mittel*fristvorhersage zu stellen. Viele für gangbar gehaltenen Wege wurden beschritten. Am Ende all jener Wege und vieler Sackgassen hat sich schließlich *die* Strategie als erfolgreichste erwiesen, die wir im vorigen Abschnitt beschrieben. Diese Erfahrung nutzend und das Besondere der *Lang*fristvorhersage beachtend, darf man vermuten, daß etwa ab Mitte der 90er Jahre die Modelle der numerischen Wettervorhersage gewisse Merkmale der atmosphärischen Zirkulation für mindestens 1 Monat im voraus prognostizieren werden. Bis dahin wird unter anderem zu untersuchen sein, wie diese Merkmale auszusehen haben; ob es sich beispielsweise um Dekaden-, Halbmonats- oder Monatsmittel der 500- oder 700-hPa-Fläche handeln wird oder um andere Methoden der Filterung unerwünschten prognostischen ›Lärms‹, wie räumliche Mittelwertbildung oder die Beachtung nur niedriger Wellenzahlen. Fest steht, daß die so gewonnenen prognostischen Merkmale mit Verfahren der statistischen Interpretationstechnik umgesetzt werden müssen und können in reale Witterung vor Ort.

Zusätzlich wird es sowohl von dynamischer als auch von statistischer Seite vieler Untersuchungen bedürfen, um herauszufinden, wie die Zielgrößen (Prognosevariablen) am zweckmäßigsten zu definieren sind, um noch vorhersagbar zu sein. Mit ziemlicher Sicherheit wird es keine tageweise detaillierten Punktvorhersagen geben, aber vielleicht Wahrscheinlichkeitsaussagen zu bestimmten Temperatur- und Niederschlagsanomalien je Pentade (5 Tage) oder Dekade.

Abb. 43 Mathematisch berechnete Monatsmittel des nordhemisphärischen Bodenluftdrucks für Januar 1977 (a) und für Februar 1977 (c). Nur die Anfangsbedingungen vom 1.1.1977 waren bekannt. Die Verfahren der statistischen Interpretation transformieren dann diese Felder in wirkliche Witterung: kalt/warm, feucht/trocken.
b und d zeigen die entsprechenden Ergebnisse bei leicht »gestörten« Anfangsdaten, wobei die Abweichungen noch unterhalb der Meßgenauigkeit liegen.
Die Differenzen zwischen b und a bzw. d und c vermögen einigen Aufschluß über die zu erwartende (!) Sicherheit der Prognose zu geben.

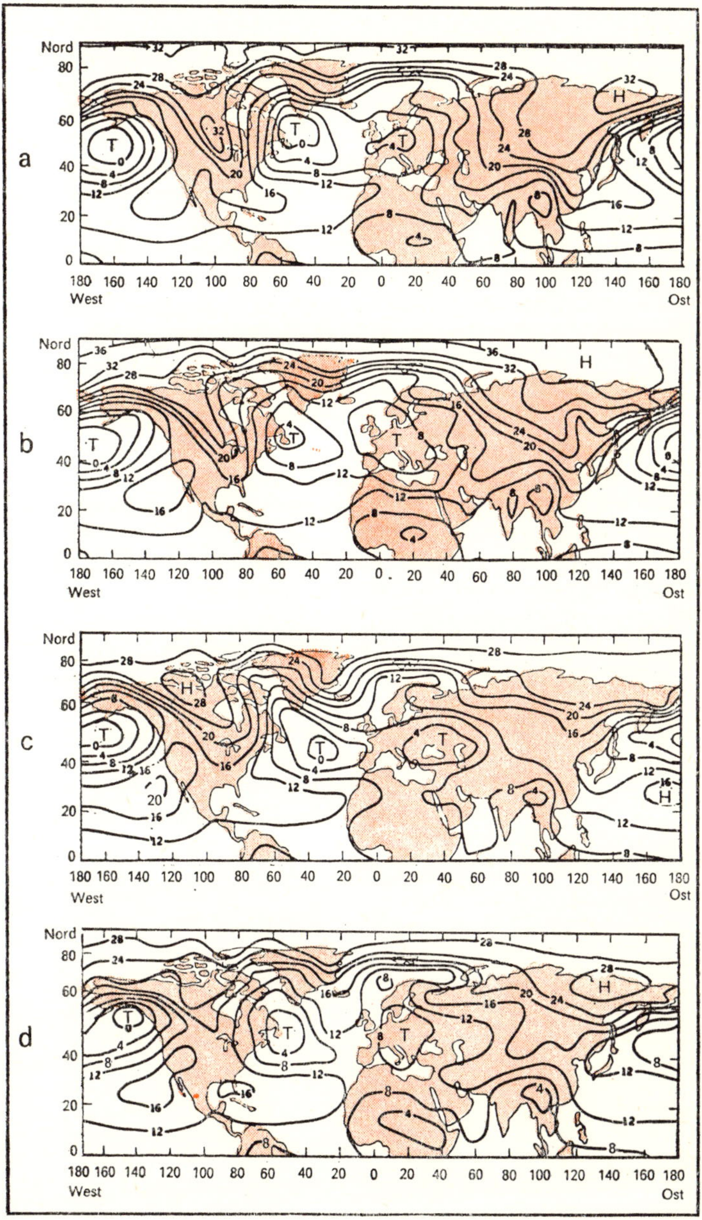
a
b
c
d
Nord
80
60
40
20
0
180 160 140 120 100 80 60 40 20 0 20 40 60 80 100 120 140 160 180
West
Ost
T
H

Viel wird auch davon abhängen, ob und wie es die statistischen Interpretationsmethoden verstehen werden, die unterschiedlichen Vertrauensgrade der dynamischen Prognoseprodukte, wie sie sich aus den verschiedenen, vorhin beschriebenen Ensembletechniken der modernen numerischen Wettervorhersage ergeben, zu nutzen.

Trotz mancher gesunder Skepsis und vieler enttäuschender Erfahrungen: Noch nie waren die Aussichten für einen wirklichen Einstieg in die Lösung des Problems der Langfristvorhersage so günstig wie heute. Auf diesem Wege werden wir aber auch klarer als bisher erkennen, was nicht erkennbar bleiben wird.

Goethe drückte diese Einsicht gleich im ersten Satz seiner der »Morphologie« gewidmeten naturwissenschaftlichen Abhandlung so aus:

»Wenn der Mensch mit der Natur einen Kampf zu bestehen anfängt, so fühlt er zuerst einen ungeheuern Trieb, die Gegenstände sich zu unterwerfen. Es dauert aber nicht lange, so dringen sie dergestalt gewaltig auf ihn ein, daß er wohl fühlt, wie sehr er Ursache hat, auch ihre Macht anzuerkennen.«

Aus dieser Einsicht erwächst zugleich, ihm und uns, die Aufforderung, wie sie in der 7. Abteilung seiner »Maximen und Reflexionen« niedergeschrieben ist:

»Eine tätige Skepsis ist die, welche unablässig bemüht ist, sich selbst zu überwinden und durch geregelte Erfahrung zu einer Art von bedingter Zuverlässigkeit zu gelangen. Das Allgemeine eines solchen Geistes ist die Tendenz, zu erforschen, ob irgendeinem Objekt irgendein Prädikat wirklich zukomme? und geschieht diese Untersuchung in der Absicht, das als geprüft Gefundene in der Praxis mit Sicherheit anwenden zu können.«

4. KAPITEL

Über die Güte der Wettervorhersage

Kein Gebiet der praktischen Meteorologie ist so umstritten und mißverständlich zugleich wie das der Prognosenprüfung, eines Versuchs also, mit wenigen Worten oder gar nur einer einzigen Zahl die Güte meteorologischer Vorhersagen zu beschreiben. Was anfangs noch allen leicht zu machen schien, blieb schwer, auch wenn heute noch manche glauben, leichthin urteilen zu können. Es gibt kaum einen überzeugenden Grund, denen zu widersprechen, die sagen, daß es oft einfacher ist, irgendwelche Prognosen auszugeben, als die Frage nach ihrer Güte zweifelsfrei zu beantworten; das liegt allein schon daran, daß eine wissenschaftliche Prognosenprüfung, die ihren Namen verdienen soll, mehrere Ziele verfolgt und daß viele Fragen zu klären sind.

Wozu Prognosenprüfung?

Ganz am Anfang steht der Wunsch, etwas Zuverlässiges über die Vorhersagegüte an sich zu erfahren: Wie steht's aktuell um die Prognosekunst? Wie genau kann man das Wetter vorhersagen? Aber auch: Wie weit im voraus können die Meteorologen gegenwärtig das Wetter mit welchen Details erkennen?

Hinzu kommen laufend Vergleiche folgender Art:
- Welche Methode der Wettervorhersage ist am besten? Ist die Methode A (das Modell, der Meteorologe, die Wetterdienststelle, das Land) besser als die Methode (....) B? Und warum? Was muß deshalb verändert werden? Lohnt sich die Einführung eines neuen Vorhersageverfahrens in die praktische Nutzung, wenn es nur sehr wenig genauer ist als sein Vorgänger? Und was heißt hier ›sehr wenig‹?
- Gibt es einen Trend der Prognosengüte? Wie sieht er aus? Geht

es aufwärts, oder sind trotz großer internationaler Anstrengungen die erhofften Erfolge noch nicht eingetreten? Oder vielleicht nur auf bestimmten Gebieten? Ist es möglich, zu erkennen, welchen Ursachen wir einen Aufwärtstrend verdanken?
• Welche Seiten des Wetters, welche meteorologischen Elemente also, sind gegenwärtig recht gut/durchschnittlich/sehr schlecht/ überhaupt (noch) nicht vorhersagbar? Was müßte demzufolge zur Verbesserung des Zustandes getan werden?

Wir sehen, an kritischen Fragen gibt es keinen Mangel, auch nicht an unliebsamen Antworten. Aber die Meteorologen stellten sich diesen Fragen vom ersten Tage ihrer Öffentlichkeitsarbeit an, die mit der Gründung der modernen Wetterdienste im letzten Drittel des 19. Jahrhunderts begann. Es fällt schwer, zu erkennen, daß das Bemühen um diese Art praktischer Wahrheitsfindung bei ständig eingeschalteter Öffentlichkeit – Selbstkritik auf offenem Markt – inzwischen von anderen Wissenschaftsdisziplinen mit ähnlich komplexer Vorhersageaufgabe auch nur annähernd erreicht oder gar übertroffen worden wäre. Im langwierigen Prozeß der Suche des Menschen nach Erkenntnis der Wirklichkeit führt aber auf lange Sicht kein Weg an der Verifikation vorbei. Erst die Probe aufs Exempel, erst der Test der Theorie, das Überprüfen eines Modells der Wirklichkeit an der Wirklichkeit selbst, verschafft uns die notwendige Sicherheit im Einschätzen dessen, was das Modell leistet, welche Teilergebnisse wir schon jetzt praktisch anwenden dürfen und sollten, welche Seiten der Realität uns noch verborgen sind und was am Modell, an der Theorie verändert werden muß.

Interessen contra Objektivität

Das Interesse der möglichen Nutzer von Wettervorhersagen ist außerordentlich breit gefächert. Sehr viele interessieren sich nur für ganz bestimmte Teile des Wetters, die übrigen kümmern sie nicht, selbst wenn sich die Prognose dort als besonders zuverlässig erweisen sollte. Sie benötigen dieses Wissen nicht. So interessiert den Seefahrer auch heute noch vor allem der *Wind,* weniger als direkte Antriebskraft, denn die Zeit der Segelschiffe ist vorbei und die Vision eines neuen Segelzeitalters noch nicht so recht in Sicht, sondern als Verursacher störenden Seegangs und hinderlicher Strömung. Fliegen heißt Starten und Landen, und dabei spielen die vertikalen und horizontalen *Sicht*verhältnisse immer noch eine entscheidende Rolle. Die Energieversorgung blickt vor allem auf

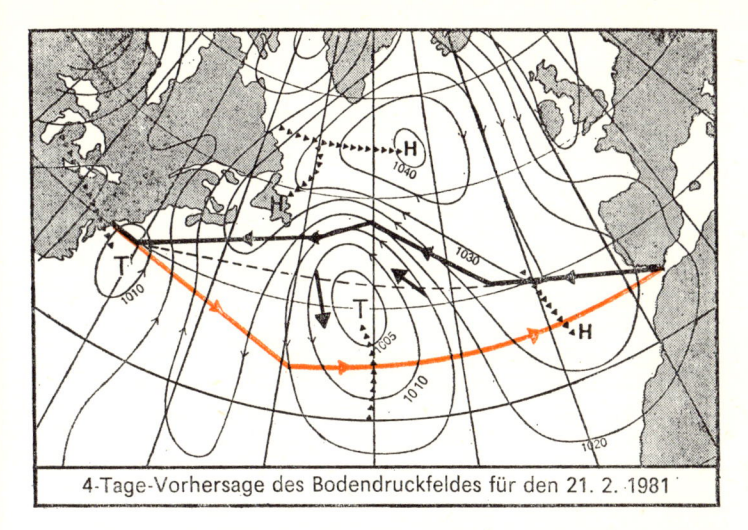

4-Tage-Vorhersage des Bodendruckfeldes für den 21. 2. 1981

Abb. 44 Routenempfehlungen über den Atlantik, 17.–25. Februar 1981. Am 17. startet ein Schiff von Gibraltar nach New York, am 18. eins in umgekehrter Richtung. Die ECMWF-Vorhersagen zeigten ein langsam nordwärts ziehendes Tiefdruckgebiet über dem mittleren Nordatlantik mit Starkwindfeldern. Die Routen der zwei Schiffe wurden so geplant, daß Wellen von mehr als 6 m Höhe vermieden werden sollten. Die Schiffe erreichten ohne Schaden und 12 Stunden früher ihr Ziel.

die *Temperatur,* die Land- und Wasserwirtschaft besonders auf den *Niederschlag,* wobei ihnen die Extreme – zu wenig/zu viel Niederschlag – die größten Sorgen bereiten. Das millionenfache Interesse des einzelnen, der Bürger, ist wohl auf das Wetter im Urlaub und in der restlichen Freizeit am Wochenende und an Feiertagen gerichtet. Es dürfte um so größer sein, je mehr sich Prognose oder wirkliches Wetter vom meteorologischen ›Ideal‹ – 25 °C Mittagstemperatur, viel Sonne, kein Regen – entfernt haben.

Diese unterschiedliche Interessenlage birgt folgende Konsequenzen in sich. Da jedes Wetterelement mit unterschiedlicher Güte vorhergesagt wird, genießt die Wettervorhersage vor allem dort ein kaum zu erschütterndes Ansehen, wo die Nachfrage *und* die Güte besonders hoch sind. Dies ist zum Beispiel bei der Seefahrt und dem Wind der Fall. Und es ist kein Zufall, daß gerade die praktischen Bedürfnisse der Seefahrt unmittelbar zur Gründung der Wetterdienste Anlaß gaben, während küstenferne Nationen sich schwerer taten und nicht so recht wußten, wie die Ergebnisse und Möglichkeiten der Wettervorhersage praktisch und mit Gewinn zu nutzen seien.

Auch die Häufigkeit der Nachfrage nach meteorologischer Information ist sehr verschieden und prägt ganz wesentlich die Meinung über den Wert der Meteorologie im allgemeinen und der Wettervorhersage im besonderen. Eigentlich vermittelt nur eine ständige Nutzung beim ›Kunden‹ den mehr oder weniger sicheren Eindruck, daß er, wenn auch nicht in jedem Einzelfall, so doch im Mittel, gut beraten ist, meteorologische Prognosen mit ins Kalkül seiner Entscheidungen einzubeziehen. Die Beurteilung der Meteorologie und ihres Könnens bleibt hingegen dann völlig dem Zufall überlassen, wenn etwa nur einmal im Jahr eine bestimmte Wettervorhersage benötigt wird und diese entweder voll danebengeht oder sich zu 100 % als richtig erweist. Verständlicher Zorn auf der einen, grenzenlose Hochachtung auf der anderen Seite trüben dann den Blick auf das Wahre. Aus dieser Erfahrung heraus sind beim Meteorologen vom Dienst vor allem Feiertage, wie Ostern, 1. Mai und Pfingsten, gefürchtet.

Aus all dem wird klar, daß wir uns besonderer, eben *wissenschaftlicher* Methoden bedienen müssen, wenn wir die vorhin aufgeworfenen theoretisch wie praktisch gleichermaßen wichtigen Fragen zuverlässig beantworten wollen. Und das heißt zuallererst: systematisch vorgehen, Nachprüfbarkeit sichern und möglichst geringe Willkür walten lassen!

Fußballtoto – wer tippt besser?

Voller guter Vorsätze also stürzen wir uns ins Unternehmen ›Prognosenprüfung‹, bei dem wir sehr schnell gewahr werden, daß es vordergründig zwar um die Prüfung von Wettervorhersagen geht, letztlich aber ganz allgemein um das alte und immer noch schwierige Problem der Beurteilung, Bewertung von Aussagen schlechthin, um die Frage, ob nämlich, wie Goethe sagte, »irgendeinem Objekt irgendein Prädikat wirklich zukomme«. Aber bei Vorhersagen wollen wir schon bleiben, d. h. bei Äußerungen über Zustände und Ereignisse in der Zukunft. Zum Beispiel wollen wir prognostizieren, wie ein Fußballspiel A gegen B verlaufen wird. Es gibt unzählige Varianten des *Spielverlaufs,* die im einzelnen und im voraus anzugeben keine leichte Sache ist; und es dürfte kaum jemand geben, der sich nach dieser schwierigen, vielleicht sogar unmöglichen Aufgabe drängt. Nicht einmal zum spielerischen Vergnügen, als ›Superfußballtoto‹ gleichsam. Die Bewertung eines Spiels nur nach dem Resultat der erzielten *Tore* – wir bemerken die Verarmung der Aussage über ein Stück Realität, etwa dem Trainermotto entsprechend: »Am Ende zählen nur Tore« – ist schon einfacher, weil der Umfang der verschiedenen Möglichkeiten drastisch reduziert wird, wenngleich er immer noch zu groß ist, um zum ›Tippen‹ herauszufordern. Dies wird offenbar erst dann interessant, wenn es nur noch um die *Punkte*teilung geht.

Wie wir wissen, gibt es dabei drei Möglichkeiten: A gewinnt (1), B gewinnt (2), das Spiel geht unentschieden aus (0). In der Presse werden regelmäßig Prognosen (›Tips‹) über den 1-0-2-Ausgang verschiedener Spielansetzungen veröffentlicht (Fußballtoto). Mir liegt eine Zeitung vom April 1978 vor, wo es um 14 Fußballspiele von DDR-Mannschaften geht. Zwölf versierte Kapitäne geben darin ihre Vorhersagen ab. Als Konkurrenten stehen ihnen die Experten von 43 Sportredaktionen gegenüber. Wie die Spiele wirklich ausgingen, war eine Woche später zu erfahren, so daß die 1-0-2-Prognosen mit der 1-0-2-Wirklichkeit verglichen werden können, zum Beispiel in folgender Matrixform:

»Kapitäne«					»Sportredaktionen«				
EIN	1	0	2	Summe	EIN	1	0	2	Summe
VOR 1	63	32	24	119	VOR 1	249	144	82	475
0	15	26	0	41	0	40	48	4	92
2	6	2	0	8	2	12	23	0	35
Summe	84	60	24	168	Summe	301	215	86	602

475mal sagten die Sportredaktionen den Sieg der Heimmannschaft vorher (VOR = 1), aber in nur 301 Fällen war dies wirklich der Fall. Oder: Ein Gästesieg (VOR = 2) wurde von den Kapitänen als sehr unwahrscheinlich eingeschätzt (8/168 entsprechen ca. 5 %). In Wirklichkeit war dies aber dreimal häufiger der Fall (24), und meistens (6/8) trat dabei sogar das Gegenteil ein.

Fragen: Wie genau waren die Tips? Welches Vorhersageteam war besser?

Eine naheliegende Möglichkeit, diese Frage zu beantworten, besteht darin, die vollständigen Treffer in der Matrixdiagonale, wo VOR und EIN genau übereinstimmen, zu addieren und durch die Gesamtzahl der abgegebenen Tips zu dividieren. Die erhaltene ›Trefferquote‹ bzw. die ›Trefferprozente‹ betragen bei den Kapitänen 53,0 %, bei den Sportredakteuren nur 49,3 %. Läßt man aber, was nicht unvernünftig erscheint, die unentschiedenen Spielausgänge (EIN = 0) mit einem halben Trefferpunkt gelten, so steigt die Trefferquote auf 67,6 bzw. 66,9 %.

Eine erste, wichtige Erkenntnis wird uns vermittelt: Die Höhe der Trefferprozente hängt entscheidend von der Art und Weise der Prüfung ab. Ja, es kann sogar vorkommen, daß bei einer anderen Definition der ›Treffer‹ auch eine andere Prognosemethode die beste wird. Solange also nicht mitgeteilt wird, *wie* geprüft wurde, können Angaben über Trefferquoten in reine Zahlenspielerei ausarten. Diese Gefahr tritt sofort dann ein, wenn zwei Prognosemethoden nach verschiedenen Prüfkriterien beurteilt wurden oder wenn das Prüfverfahren mit der Zeit geändert wurde.

Um den zweiten Teil der Frage noch zu beantworten: Die hier mit Hilfe der Trefferquotenberechnung ausgewerteten Tips zeigen, daß die Kapitäne etwas genauer waren.

Nur Zufall oder auch eigene Leistung?

Noch keine Antwort haben wir jedoch auf die vielleicht noch wichtigere Frage, ob die Tips eine gewisse Prognose*leistung* erkennen lassen, was man ja – im Gegensatz zum absolut auf Zufall aufgebauten Zahlenlotto – vermuten könnte. Es wäre durchaus möglich, daß mit viel geringerem Aufwand gleich gute Leistungen zu erzielen sind. Wenn dies zuträfe, dann brauchten nämlich keine scharfsinnigen Überlegungen vor der Tipformulierung angestellt zu werden; es ginge sehr viel einfacher, schneller und auch billiger.

Eine Möglichkeit bestünde z. B. darin, den Würfel entscheiden zu lassen: Bei den Augenzahlen 1 und 2 soll VOR = 1, bei 3 und 4 VOR = 0 gültig sein, und wenn der Würfel eine 5 oder 6 zeigt, wird VOR = 2 getippt. Man kann zeigen, daß mit dieser Strategie im Mittel nur 33,3 % Treffer erreicht werden. Daraus leitet sich eine weitere Erkenntnis ab, die sehr häufig nicht beachtet wird: Nur bei *zwei*wertigen ›Prognosen‹ (z. B. »nein«/»ja« oder »1«/»2«) liegt die Zufallstrefferquote bei 50 %, übrigens unabhängig davon, ob das wirkliche Ereignis »1« sehr viel häufiger auftritt als das Ereignis »2« oder umgekehrt. Ist nämlich n die Zahl der möglichen Zustände (Klassen) eines Ereignisses, so kann per Zufall nur eine Trefferquote von $100/n$ % erwartet werden.

Ein anderer Versuch, in einfachster Weise eine Vorhersage zu geben, könnte darin bestehen, sich ein durch Erfahrung erworbenes Wissen zunutze zu machen, wonach Heimsiege häufiger (wahrscheinlicher) sind als Gästesiege, und stets den gleichen Tip VOR = const. = 1 formulieren. In unserem Beispiel hätte diese Strategie 50,0 bzw. (unter Anrechnung halber Treffer) 67,9 % Treffer verbucht. Man kann daraus den Schluß ziehen, daß die Tipleistung der Kapitäne und Sportredaktionen an diesem Wochenende (!) nur ein Niveau erreichte, wie es auch mit viel weniger Aufwand zu erzielen gewesen wäre. (Für ein Gesamturteil müßten allerdings schon einige Dutzend Wochenenden ausgewertet werden, was wir hier aber nicht besorgen wollen.)

Bei früherer Gelegenheit bemerkten wir sehr interessante Analogien zwischen den Grundelementen des Spiels und des Naturgeschehens, so als ob die Strukturen und Entwicklungsmuster der uns umgebenden Wirklichkeit Pate gestanden hätten bei der spielerischen Umsetzung ins Kleine, in einen durch Spielregeln geordneten, überschaubaren ›Mikrokosmos‹. Es verwundert daher nicht sonderlich, wenn der Versuch, die Güte von Vorhersagen über den Ausgang eines sportlichen Spiels zu bewerten, sofort an die Problematik der meteorologischen Prognosenprüfung erinnert. Auch dort geht es darum, den Erfolg durch Treffer zu markieren und die erzielte Trefferquote in geeigneter Weise mit anders gewonnenen Trefferraten zu vergleichen, um den Stand der wissenschaftlichen Prognoseleistung einschätzen zu können.

Wir werden sehr bald bemerken, daß diese Absicht zu verwirklichen mit ziemlichen Schwierigkeiten verbunden ist. Wer, wie der Autor, langjährige Erfahrungen sowohl in der Prognosenerzeugung als auch in der Prognosenprüfung gesammelt hat, kann kaum angeben, welche der beiden Aufgaben leichter ist. Zu Beginn der Ära der meteorologischen Neuzeit vor etwas mehr als einem Jahrhundert verdeckte für geraume Zeit ein unerschütterlicher Optimismus, wie er zu Beginn eines jeden neuartigen Entwicklungsabschnitts so typisch ist, die wirklichen, hinter den Anfangserfolgen lauernden Probleme.

Selbstkritik von Anfang an

Als im September 1869 Cleveland Abbe in Cincinnati die ersten regelmäßigen Wetterkarten für einen Teil der Vereinigten Staaten von Nordamerika konstruierte, begann eine atemberaubende Etappe des wissenschaftlich-technischen Fortschritts in der Meteorologie, wie sie sich eigentlich erst ein Jahrhundert später, trotz spektakulärer Zwischenschritte, in Gestalt der 3 W (world weather watch = Weltwetterwacht mit ihren drei Komponenten: Datengewinnung, -austausch und -verarbeitung in globalem Maßstab wiederfindet. Schon im Jahr darauf (1870) wurde in den USA ein staatlicher Wetterdienst als Teil des (militärischen) Nachrichtendienstes Signal Service ins Leben gerufen. Er verstand es von Anfang an, ein hochgradig vermaschtes Telegraphennetz aufzubauen und mit dessen Hilfe meteorologische Beobachtungen und Prognosen außerordentlich rasch landesweit auszutauschen – eine Leistung, zu der einige europäische Wetterdienste noch Jahrzehnte benötigten. Was die pragmatischen, auf die Herbeiführung und den Nachweis eines praktischen Nutzens so erpichten Amerikaner für uns an dieser Stelle so interessant macht, ist die Tatsache, daß sie ihre meteorologischen Prognosen nicht nur regelmäßig an den Mann brachten – ab 1873 z. B. erhalten die Farmer über ihre örtlichen Postämter tägliche Wettervorhersagen! –, sondern sie genauso selbstverständlich einer selbstkritischen Kontrolle unterzogen. Zu diesem Zweck wurden die Prognosefehler, d. h. die zahlenmäßigen Differenzen zwischen Prognose und eingetroffener Wirklichkeit, in drei bis fünf Fehlerklassen eingeteilt. Dann wurde ausgezählt, wie viele Fälle in den jeweiligen Klassen vorkamen. Daraus konnten dann unschwer Anhaltspunkte dafür gewonnen werden, welche Fehler mit welcher Wahrscheinlichkeit zu erwarten sind, kurz: welches Vertrauen man den Wettervorhersagen entgegenbringen konnte.

Diese Methode sprach sich herum, wozu ja ab 1872/73, dem Beginn einer regulären, internationalen Zusammenarbeit der Meteorologen, vielfältige Möglichkeiten bestanden. Kaum war am 16. Februar 1876 auch die erste deutsche Wetterkarte von der Deutschen Seewarte in Hamburg herausgegeben – der Bericht begann mit den Worten: »Barometer im Norden stark gefallen, im Südwesten gestiegen, ein starkes barometrisches Minimum (heute sagen wir dazu Tiefdruckgebiet) liegt nordwestlich von Schottland . . .« –, griff man ein Jahr danach (1877), wiederum an der Deutschen Seewarte, die amerikanische Methode der Prognoseprüfung auf. Dabei trat bald ein verhängnisvoller Nachteil zutage, der auf der subjektiven, d. h. willkürlichen Festlegung der drei bis fünf Fehlerklassen beruhte. Wir erinnern uns sofort der Möglichkeit einer Treffermanipulation durch wechselnde Definition der vollständigen Treffer, der halbrichtigen Prognosen usw. Ganz offensichtlich machte sich in Deutschland im Jahre 1883 ein gewisser Dr. Overzier diesen Umstand zunutze, indem er den Mangel an wissenschaftlichem Gehalt seiner Prognosen durch eine ihm günstig erscheinende Art ihrer Prüfung wettzumachen verstand und mit seinen veröffentlichten Gütestatistiken ungeheures Aufsehen erregte. Die öffentliche Meinung, schillernder Scharlatanerie ohnehin eher zugeneigt als spröde verpackter wissenschaftlicher Argumentation, war in nachhaltiger Gefahr, irregeführt zu werden.

Dr. Köppens neue Methode

Welch aktuelle, vielleicht teilweise sogar existentielle Bedeutung dieser Herausforderung im Lager der Wissenschaft beigemessen wurde, erhellt aus Folgendem: 22 Wissenschaftler, bei weitem nicht alles Meteorologen, gründeten am 17. November 1883, unmittelbar nach der Tagung der Deutschen Polarkommission in Hamburg, die Deutsche Meteorologische Gesellschaft. Schon tags darauf widmet sie sich in ihrer ersten allgemeinen Versammlung wissenschaftlichen Verhandlungen. Dr. Köppen, ein auch international geachteter deutscher Meteorologe, schlägt vor, die bisherige Art der Prognosenprüfung ihrer zu geringen Objektivität wegen aufzugeben und durch eine »neue Methode der Prüfung der Wetterprognosen« – so das Thema seines Vortrages – zu ersetzen. Das Prinzip: Nicht die Fehler werden klassifiziert, sondern die Prognosen und das vorherzusagende meteorologische Element, und zwar in der Regel in drei möglichst gleich häufige Klassen. Vorausgesetzt, die Prognosen taugen etwas, müßte sich auf diese Weise einwandfrei feststellen lassen, ob die Häufigkeiten der eingetroffenen drei Wetterzustände sich mehr oder weniger unterscheiden, je nachdem, welche der drei Klassen vorhergesagt wurde.

Nehmen wir die Temperatur. Um sprachliche Unsicherheiten und Zweideutigkeiten zwischen Erzeuger und Empfänger von Wettervorhersagen zu mindern, wurde eine umfangreiche Liste der Bedeutung meteorologischer Fachausdrücke erarbeitet und der Öffentlichkeit bekanntgegeben. (Übrigens wurden damals auch die sicher nicht immer schmeichelhaften Ergebnisse von Prognosenprüfungen regelmäßig veröffentlicht! Was für ein schönes Beispiel wissenschaftlichen Interesses und einer souveränen Haltung selbstkritischer Bilanz gegenüber. Was für ein Fortschritt, fielen wir in diesem Punkt auf das Niveau des vorigen Jahrhunderts zurück!) In dieser ›Termini-Ordnung‹ stand ›normal‹ für eine »von dem vieljährigen Durchschnitt der betreffenden Jahres- und Tageszeit nicht mehr als 2 K abweichende Temperatur«. Die beiden anderen Klassen hießen ›kühl‹ bzw. ›warm‹. In gleicher Weise wurde auch die Prognose eingeteilt und geprüft, übrigens in vollständiger Übereinstimmung mit dem früheren Fußballtotobeispiel. Wie die Temperatur, so wurde auch die Prognose der Bewölkung (heiter, wolkig, trüb, entsprechend 0-3, 4-7, 8-10 Zehntel Himmelsbedeckung mit Wolken) nur zu bestimmten Zeitpunkten, 8 und 14 Uhr, überprüft, die Niederschlagsprognose allerdings an der während 24 Stunden gefallenen Niederschlagsmenge bezüglich der 3 Klassen: trocken, ohne wesentlichen Niederschlag und Niederschlag, was 24stündigen Niederschlagsmengen von kleiner 0,1; 0,1 bis 1,5 und mehr als 1,5 mm entspricht.

Auch bei der Vorhersage des Bodenwindes nach Richtung und Geschwindigkeit wurde ähnlich verfahren, wobei man dort das Köppensche Gebot nach drei möglichst gleich häufigen Klassen leider verletzte, weil die erste der drei Klassen (Beaufort-Windstärke 0-4, 5-7, 8-12) beträchtlich häufiger eintritt als die beiden anderen – selbst für Hamburg, erst recht denn für einen noch weiter binnenwärts gelegenen Ort. Automatisch steigen die Trefferprozente an, und die Vergleichbarkeit mit anderen Wetterelementen wird ernsthaft in Frage gestellt. Im Falle der Windrichtung ging man sogar – aus sicher naheliegenden Gründen – vom Dreiklassenprinzip ab und legte die vier Hauptwindrichtungen zugrunde (N, E, S, W). Es gilt aber: Je mehr Aussageklassen, um so schwieriger die Wahl der Prognose, um so kleiner die Trefferprozente. Und wieder war trotz guter Vorsätze die Vergleichbarkeit gestört.

Im Sommer 1884 – bei der Temperatur zusätzlich noch der Sommer 1883 – ergaben sich folgende Trefferprozente:

	Temperatur	Bewölkung	Niederschlag	Windstärke	D-richtung
»Harte Prüfung« (nur volle Treffer)	84,6	68,3	69,6	100,0	63,4
»Weiche Prüfung« (auch halbe Treffer)	70,6	41,1	54,1	92,1	45,8

Auch die Jahresdurchschnittszahlen der Trefferprozente für Deutschland sind seit 1877 bekannt:

1877	78	79	80	81	82	83	84	85
79	80	80	80	83	77	82	83	83 %

Wir sehen, trotz großer Anstrengungen um eine Objektivierung der Prognosenprüfung begegnen wir Willkür auf jedem Schritt. Dies wurde natürlich auch schon damals bemerkt. In einer Verlautbarung der Seewarte hieß es dazu: »In allen Wissenschaften, wo wir natürliche Objekte resp. Vorgänge zu klassifizieren haben, kommen wir, da die Natur keine scharfen Grenzen bietet, nicht ohne Willkür durch, und es ist nur die Frage, an welcher Stelle der Untersuchung die unvermeidliche Willkür anzuwenden ist.«

Ein Hauch von Resignation angesichts der aufdämmernden Erkenntnis, daß auch die Verifikation von Vorhersagen offenbar schwieriger ist als angenommen?

Die ominösen 85 %

Noch heute, 1988, scheint das Problem noch nicht vollständig gelöst, wenn auch aus dem inzwischen vermehrten Wissen zunehmend die Konsequenz begriffen wird, Unmöglichem nicht mehr nachzujagen – z. B. die(?) Güte(?) von Wetter(?)vorhersagen(?) mit einer einzigen Zahl beschreiben zu können. Jakob van Bebber, Abteilungsvorstand der Seewarte Hamburg und einer der profiliertesten Vorhersagemeteorologen jener Pionierzeit der ›ausübenden Witterungskunde‹, kam nach Vorliegen der ersten, 9jährigen Prognosenprüfergebnisse zu folgendem Schluß: »Kann der Fortschritt in den Erfolgen der Wetterprognosen bei der Verwickelung der Erscheinungen naturgemäß auch nur ein sehr allmählicher sein, so ist es immerhin als eine sehr große Errungenschaft zu verzeichnen, daß wir nach so vielen Irrungen und fruchtlosen Bemühungen endlich ein sicheres reales Fundament, wie es die strenge Wissenschaft fordert, aufgefunden haben. ... Nach den vielen bis jetzt gesammelten Erfahrungen glauben wir uns zu dem Schlusse berechtigt, daß die Prognose entwickelungsfähig ist und die Wahrscheinlichkeit des Eintreffens zugenommen hat.«

Wenn heutzutage ein Meteorologe vor Mikrophon und Kamera gefragt wird, wie genau man denn eigentlich das Wetter vorhersagen könne, dann wird er fast immer irgend etwas in der Nähe von 85 % sagen oder auch schon einmal die 90 % erwähnen. Aber fragen Sie ihn ja nicht, *wie* er zu dieser Zahl gekommen ist! Vollends sprachlos werden Sie ihn sehen, wenn Sie nachfragen, ob denn die Fortschritte in der Meteorologie wirklich so unbedeutend seien, daß während eines ganzen Jahrhunderts die Trefferprozente lediglich um 2 oder 5 % zugenommen hätten – trotz Weltwetterwacht, Computertechnik, Wetterradar und moderner meteorologischer Satelliten.

Es ist an der Zeit, klar zu sagen: So, wie die Frage gestellt wird, läßt sie sich nicht beantworten! Wie leistungsstark ist unsere Volkswirtschaft? Keiner erwartet, diese Frage mit nur einem einzigen Zahlenwert erschöpfend beantwortet zu bekommen. Was soll er auch damit? Das Wetter ist ebenso komplex: Sonne und Wolken, Wind und Niederschlag, Temperatur und vieles andere mehr sind Teile von ihm. An einem Ort, in einem bestimmten Gebiet, für ein ganzes Land? Und was heißt ›Vorhersage‹? Bis 12 Stunden im voraus (Kürzestfrist), für den morgigen Tag (Kurzfrist), die ganze Woche (Mittelfrist), oder meint man gar Monats- und Jahreszeitvorhersagen (Langfrist)? Was soll ›richtig‹, was ›falsch‹ sein? Oder auf welche Definition von Genauigkeit wollen wir uns einlassen?

Außerdem: Vorhersage*leistung* und *-nutzen* sind zwei weitere wichtige Begriffe zur Beurteilung der Güte von (Wetter-) Vorhersagen. Es ist z. B. keine Kunst, keine Leistung, während einer beständigen Wetterlage die zu erwartende Tagesmitteltemperatur ziemlich genau abzuschätzen. Andererseits liegt eine erhebliche Prognoseleistung vor, wenn am Ende eben solch eines Witterungsabschnittes ein Temperatursturz von 10 K angekündigt wird, auch wenn er mit 15 K in Wirklichkeit noch drastischer ausfällt. Andererseits bewirkt selbst eine noch so präzise und leistungsstarke Wetterprognose keinen Nutzen, wenn sie nicht benötigt wird, um Entscheidungen anderer Art zu ermöglichen, zu unterstützen oder gar zu ändern. Es kann in diesem Zusammenhang nur erwähnt werden, daß hier ein grundsätzliches Problem der Bewertung von Aussagen schlechthin sichtbar wird, dessen Lösung sich seit 1938 ein ganze Wissenschaft, die Semiotik, angenommen hat.

Auf dem Schießstand: Treffer und Distanz

Schauen wir uns einmal folgende Zahlen an, die die Zentrale Wetterdienststelle in Potsdam im Rahmen ihrer regelmäßigen Prognosenprüfungen zusammenstellte:

Fehlertoleranz:	0,5	1,5	2,5	3,5	4,5	5,5 K
1971–1977	12	37	59	75	85	91 %
1978–1983	16	45	68	82	91	96 %

Die Fehlertoleranz legt fest, was noch unter Treffer verstanden werden soll. Man kann dabei durchaus an den Schießsport denken und den Durchmesser des schwarzen Punktes auf der Schießscheibe mit unseren Fehlertoleranzen vergleichen: Je kleiner sie

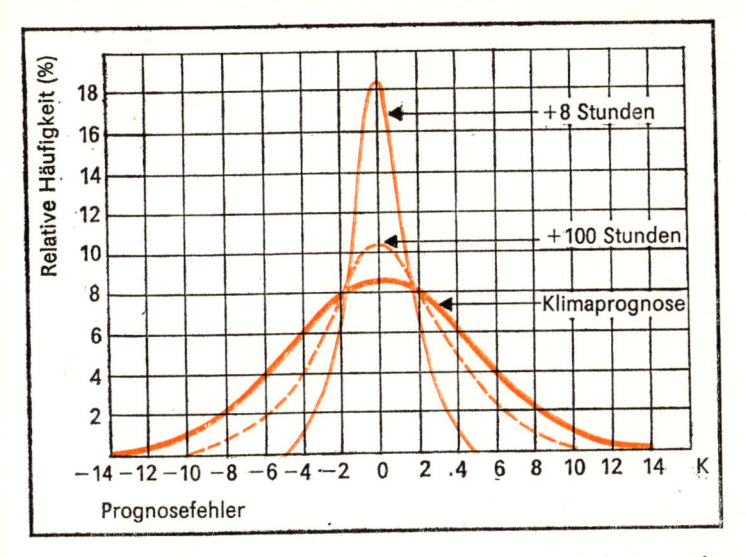

Abb. 45 Häufigkeitsverteilung der Fehler synoptischer Vorhersagen der Maximumtemperatur für Potsdam im Zeitraum Oktober 1980 bis September 1983. Immer ungenauer wird ins Ziel getroffen, wenn die zeitliche Distanz zwischen Prognoseausgabe und beobachteter Temperatur zunimmt. Den äußersten Streukreis setzt die sogenannte Klimavorhersage, also die Vorhersage vieljähriger Mittel- oder Erwartungswerte, wie sie die Klimatologen berechnen.

sind, um so schwieriger ist es, ins Schwarze zu treffen. Und noch eine Analogie drängt sich auf, nämlich die Abhängigkeit der Trefferquote von der Distanz. Beim Schützen ist es die räumliche Entfernung zwischen ihm und der Schießscheibe, beim Prognostiker die zeitliche Distanz zwischen dem Zeitpunkt der Prognosenausgabe und dem Eintreffen (bzw. Nichteintreffen) des prognostizierten Ereignisses oder Zustandes. In beiden Fällen trifft zu, daß mit zunehmender Distanz bei sonst gleichen Bedingungen die Trefferzahl abnimmt. Oder anders: Was sagt schon eine einzige Trefferzahl aus, wenn man weder die Distanz noch alle die anderen Bedingungen kennt? Beim Sport hilft ein ausgeklügeltes Reglement beim Bewerten und Vergleichen. Wer aber kümmert sich schon darum, wenn es um Prognosentreffer geht?

Die oben angegebenen meteorologischen Trefferprozente sind *ein* Beispiel. Hunderte anderer ließen sich anführen. In unserem Beispiel handelt es sich um 2 370 Vorhersagen der Tageshöchsttemperatur von Potsdam in den Monaten April bis September der Jahre 1971 bis 1983, herausgegeben von den jeweils diensthabenden Meteorologen der Zentralen Wetterdienststelle früh zwischen 5 und 6 Uhr und gültig für den Folgetag. In diesem letzten Satz werden nicht weniger als neun wichtige Bedingungen konkretisiert. Wird auch nur *ein* Detail verändert, ergeben sich andere Trefferquoten! Ganz abgesehen davon, daß es größter Willkür unterliegt, bei welcher Fehlertoleranz wir von »richtig« und »falsch« bzw. von Treffern reden dürfen. Meinen wir, daß Prognosenfehler bis zu 2,5 K noch »richtig« sind – eine unter Meteorologen oft gewählte Spannweite –, dann mußten wir uns in den Jahren 1971 bis 1977 mit 59 %, danach schon mit 68 % begnügen. Die oft publizierten und daher von der Öffentlichkeit geradezu erwarteten 85 bis 90 % Treffer lassen sich aber nur mit einer sehr viel großzügigeren Prognosenprüfung erzielen. Daran ist – bei Strafe einer völligen Fehleinschätzung – immer zu denken, wenn irgendein meteorologischer Dienst, ein Prognostiker oder eine Vorhersagemethode mit ›legendären‹ Trefferquoten aufwarten; ganz abgesehen davon, daß alle Bedingungen konstant gehalten werden müssen, um überhaupt einen Vergleich anzustellen. In unserem Fall dürfen wir es tun, und wir können, wie vor 100 Jahren – auf einem höheren Niveau und bei größerem Schwierigkeitsgrad der Prognoseinformation – feststellen: Die Wahrscheinlichkeit des Eintreffens hat zugenommen.

Die Geister scheiden sich

Eine ganz andere Frage ist, wem oder welchem Umstand wir diesen Gewinn an Prognosegenauigkeit verdanken. Gründlich, wie Wissenschaftler sein müssen, fragen sie sich, ob dieser Fortschritt allein und ausschließlich das Verdienst der Meteorologen selbst ist. Kann es nicht sein, daß sich vielleicht der allgemeine Wetterablauf, die atmosphärische Zirkulation, das Klima über Mitteleuropa so geändert haben, daß es lediglich einfacher geworden ist, genauere Prognosen aufzustellen. Lassen sich diese auf einmal auftauchenden Fragen überhaupt beantworten?

In der über 100jährigen Geschichte der modernen Wettervorhersage schieden sich in der Vertifikationsfrage oft die Geister.

Die einen sahen die Schwierigkeiten des Unternehmens, die schier unvermeidliche Willkür, die Gefahr der Fehlinterpretation – z. B. wurden und werden beim meteorologischen Laien 85 % Treffer meist so verstanden, als ob 85 von 100 Prognosen richtig seien! – als so entscheidend an, daß sie selbst einer wissenschaftlichen, von Berufsmeteorologen durchgeführten Prognosenprüfung sehr skeptisch, ja sogar ablehnend gegenüberstanden. A. Schmauß, deutscher Meteorologe, 1911: Eine objektive, ziffernmäßige Prognosenprüfung besitzt einen zweifelhaften Wert, so daß sich die darauf verwandte Arbeit noch nie verlohnt hat. Es zählt nur der subjektive Standpunkt des Publikums, denn für dieses arbeiten wir!

Die anderen waren fest davon überzeugt, daß der Verifikation eine unverzichtbare Aufgabe in dem Bemühen zukommt, die Naturgesetze immer besser zu verstehen und in praktisch handhabbaren Algorithmen zur Entscheidungsfindung oder sogar Modellen abzubilden. Dieser überaus wichtigen Rolle kann sie aber in der Tat nur dann gerecht werden, wenn Hindernisse und Unzulänglichkeiten erkannt und schrittweise abgebaut werden.

Die dritte, weitaus größte Gruppe, will mir scheinen, befand und befindet sich zwischen beiden Fronten und hielt am Gewohnten fest.

Zahlen statt Worte – die Wende

Sehr wahrscheinlich hätte der wissenschaftliche, ja sogar bis ins Weltanschauliche hineingehende und oft fruchtlose Meinungsstreit über Sinn und Unsinn, über Vermögen und Unvermögen einer aussagefähigen Verifikation noch sehr viel länger gedauert, wenn nicht neue, unausweichliche Bedürfnisse in den 50er Jahren die entscheidende Wende eingeleitet hätten. Es ist kein Zufall, daß die neuen Impulse nicht von der traditionellen synoptischen Meteorologie ausgingen, sondern von ihrem neuesten Sproß, dem ehrgeizigen Unternehmen ›Numerische Wettervorhersage‹. Die auf den Computern massenhaft anfallenden Ergebnisse der hydrothermodynamischen Prognosemodelle mußten laufend an den Meßdaten der Wirklichkeit überprüft werden, wollte man den unumgänglichen Prozeß des Lernens, der Adaption des Modells an die Wirklichkeit also, beschleunigen.

Der Schlüssel zum entscheidenden Fortschritt auf dem Felde der Verifikation lag in der nun möglichen, aber auch notwendigen Abkehr von zwei herkömmlichen ›Selbstverständlichkeiten‹. Statt verbal formulierten Vorhersagetexten wird jetzt Zahlen der Vorzug gegeben, und an die Stelle von Definitionen und Analysen von Begriffen und Bedeutungen (»vereinzelt«, »örtlich«, »richtig«, »danach allmählicher Bewölkungsrückgang«, »wärmer als bisher«,

»naßkalt«, »um 22 °C«, »halbfalsch«, ...) tritt die mathematisch-statistische Berechnung von Fehlermaßen, die weitgehend frei von vermeidbarer Willkür sind und sowohl die *Genauigkeit* als auch die *Leistung* und sogar den *Nutzen* von Vorhersagen zu beurteilen gestatten.

Dieses neuartige Herangehen an eine alte Frage wurde nicht zuletzt dadurch erleichtert, daß die mittels Computer erzeugten Felder der vorhergesagten Luftdruckverteilung genaugenommen nur Zwischenprodukte darstellen und als Mittel zum Zweck dienen. Am Ende interessiert doch immer nur das ›handgreifliche‹ Wetter in Gestalt von Wind und Wolken, Temperatur und Niederschlag. Der Luftdruck als solcher ist ziemlich uninteressant, und deswegen bestand für die numerische ›Wetter‹-Vorhersage überhaupt keine Veranlassung, ihre Produkte in gewöhnliche Sprache zu übersetzen, um sie erst dadurch an den Mann zu bringen.

An diesem Punkt der Überlegungen muß man sich natürlich im klaren sein, daß der Durchbruch zu einer weitgehend objektiven Verifikation von Vorhersagen nur um den Preis einer totalen Zerstückelung, Quantifizierung, Digitalisierung nach Raum und Zeit und meteorologischem Element eines eigentlich Ganzen, Unteilbaren – eben des Wetters – zu haben war. Oder gar nicht! Man ahnt den Aufwand, um über die Teile das Ganze beurteilen zu können, wenn man etwa an einen dem herkömmlichen Prognosetext »Morgen Übergang zu naßkaltem Wetter« adäquaten Sachverhalt denkt. Das Vorhersagegebiet muß in einzelne Punkte (Orte), der Vorhersagezeitraum in einzelne Zeitpunkte oder/und kleinere Zeitintervalle aufgelöst werden. Der informative, gleichzeitig aber auch unscharfe Begriff »naßkalt« wird in faßbare Teile (Niederschlag, Luftfeuchte, Temperatur) zerlegt, wohl wissend, daß der Begriff mehr enthält als seine nachprüfbaren Teile. Aber, und das macht die Sache so kompliziert, ein komplexer Begriff besitzt bei jedem einzelnen Empfänger dieser Nachricht eine wenn auch nur im Detail unterschiedliche Bedeutung. Unversehens bemerken wir, daß die Probleme der *Bewertung* von Aussagen ganz eng zusammenhängen mit ihrer *Formulierung* und Weitergabe an einen Empfänger. Und schließlich verstehen wir jetzt vielleicht besser, daß – strenggenommen – die berechtigte, aber auch naive Frage nach *der* Güte der *Wetter*vorhersage unbeantwortet bleiben muß.

Die Vielfalt in den Aussagen bleibt

Das Stichwort ›Formulierung‹ fiel. Verweilen wir einen Augenblick bei der Vorhersage eines allgemein interessierenden Wetterelements, der Temperatur zum Beispiel. Wenn wir wissen wollen, mit welcher Genauigkeit die Temperatur vorhergesagt werden kann, so müssen wir uns zunächst im klaren sein, was die Vorhersage überhaupt meint.

Beispiel 1: »Morgen wird es warm sein.« Wir wollen hier unter »warm« verstehen, daß es wärmer als normal sein soll.

Beispiel 2: »Tageshöchsttemperatur morgen 27 °C«

Beispiel 3: »Die Wahrscheinlichkeit dafür, daß morgen ein Sommertag sein wird, beträgt 80 %.« (An einem Sommertag erreicht die tägliche Höchsttemperatur mindestens 25 °C.)

Wenn wir einmal außer acht lassen wollen, daß das Gebiet, wofür die Prognose gelten soll, teils ›warm‹, teils aber nicht warm ist – etwa wegen einer scharfen, sich kaum bewegenden Luftmassengrenze oder weil das Prognosegebiet viel zu groß gefaßt wurde –, und wenn wir ferner ausschließen dürfen, daß es im Laufe des Tages sowohl ›warm‹ als auch ›kalt‹ sein kann – ›warm‹ und ›kalt‹ auch hier relativ gemeint, d. h. als Abweichung von der Norm –, dann kann die Aussage 1 offensichtlich nur falsch oder richtig sein. Zu den berühmten Trefferprozenten gelangt man, wenn *mehrere* solcher Aussagen bewertet werden sollen. Sei n die Anzahl der ›richtigen‹ Prognosen und N die Anzahl aller Prognosen, so berechnet sich T = Trefferprozente aus dem Verhältnis von n/N.

Angenommen aber, die Tageshöchsttemperatur meint das offiziell beobachtete, auf ganze Grade gerundete Maximum der Lufttemperatur in 2 m Höhe, so ist auch Prognoseformulierung 2 entweder ›falsch‹ oder ›richtig‹. Obwohl wir sofort erkennen, daß – sollten z. B. 28 °C wirklich eingetroffen sein – eine Vorhersage von 22 °C ›falscher‹ ist als unser Beispiel. Für Vorhersagen dieser Art (quantitativ und kontinuierlich) stellt der Betrag des Fehlers, die Differenz zwischen vorhergesagtem und eingetroffenem Wert, das geeignete Maß der Genauigkeit dar. Soll auch hier über den Einzelfall hinaus eine *allgemeine* Einschätzung der Prognosengenauigkeit erwünscht sein, so muß wiederum eine mehr oder weniger ›große‹ Anzahl von Vorhersagen die Zufälligkeiten des Einzelfalls eliminieren.

Maßzahlen der Güte

Bezeichnen wir mit f den Prognosenfehler, d. h. die Differenz wahrer minus vorhergesagter Wert, mit $d = |f|$ den Betrag des Fehlers und mit N die Anzahl aller überprüften Vorhersagen, so beschreibt maF =

$$\sum_{i=1}^{N} d_i / N$$

den mittleren absoluten Fehler. Er ist unbedingt zu unterscheiden vom sog. systematischen Fehler (engl. bias), der sich aus

$$\sum_{i=1}^{N} f_i / N$$

berechnet. In der Meteorologie international bevorzugt und von der WMO empfohlen wird das Fehlerbewertungsmaß rmse (engl. root mean square error = Wurzel aus dem mittleren quadratischen Fehler).

$$\text{rmse} = \left[\sum_{i=1}^{N} f_i^2 / N \right]^{1/2}$$

Der Unterschied zwischen maF und rmse besteht in der unterschiedlichen Wichtung vor allem größerer Fehler. Durch die Fehlerquadrierung werden nämlich bei der Bestimmung von rmse die großen Fehler weit mehr ›bestraft‹ als die kleinen – eine Eigenschaft, die einer Vielzahl praktischer Konsequenzen fehlerhafter Entscheidungen sehr viel ähnlicher ist als die ›lineare‹ Bewertung von Fehleinschätzungen mittels maF-Maß.

Der bias wiederum beschreibt quantitativ die unerwünschte Eigenschaft mancher Prognosesysteme, verzerrt zu sein, d. h., systematisch, nicht nur im Einzelfall, von der Wirklichkeit abzuweichen. Der ›persönliche bias‹ des Synoptikers X. bei der Vorhersage des nächtlichen Temperaturminimums beträgt vielleicht 1,5 K, d. h., im Durchschnitt ist die Temperatur um 1,5 K wärmer als vorhergesagt. Oder ein Modell der numerischen Wettervorhersage berechnet den Luftdruck zwischen Island und Grönland im Mittel zu hoch, und der bias beträgt vielleicht −5 hPa.

Nur bei perfekten, d. h. vollständig fehlerfreien Prognosen gilt: bias = maF = rmse = 0. (Für Statistiker: Die ›standard deviation‹ genannte Fehlerstreuung stimmt dann und nur dann mit rmse überein, wenn der bias gleich Null ist. Daraus folgt unter anderem, daß die Fehlerstreuung schon dadurch verringert werden kann, daß der bias zu jeder Vorhersage addiert wird. Das setzt allerdings eine zeitliche Konstanz des bias auch in der Zukunft voraus, was in der Meteorologie häufig nicht der Fall ist; deswegen wird auch dem rmse-Fehlermaß der Vorzug gegeben im Vergleich mit der standard deviation.)

Zahlenbeispiel

i	VOR °C	EIN °C	f	d
1	20	22	2	2
2	26	23	–3	3
3	23	18	–5	5
4	15	15	0	0
5	15	22	7	7

$N = 5$

bias $= (2 - 3 - 5 + 0 + 7) / 5 = 0{,}2$ K

maF $= (2 + 3 + 5 + 0 + 7) / 5 = 3{,}4$ K

rmse $= ((4 + 9 + 25 + 0 + 49) / 5)^{0{,}5} = 4{,}2$ K

Um neben der Genauigkeit einer Prognosemethode auch deren Vorhersage*leistung* beurteilen zu können, bedarf es des parallelen Vergleichs mit Referenzprognosen. Wir wollen darunter solche Informationen verstehen, über die ein Interessent verfügt oder wenigstens im Prinzip verfügen könnte, wenn es keinen Vorhersagewetterdienst gäbe. Zu denken ist einmal an die *Persistenz* des Wetters, d. h. an die Annahme eines ungeänderten Fortbestehens des augenblicklichen Wetters. »Morgen so wie heute« heißt die ›Vorhersage‹.

Zum anderen enthalten auch *klimatologische* Angaben, z. B. in Gestalt vieljähriger Mittelwerte eines meteorologischen Elements an einem bestimmten Ort zu einer bestimmten Jahres- oder Tageszeit, eine gewisse, nicht unerhebliche Prognoseinformation. »Morgen so, wie im Durchschnitt zu erwarten« heißt die zweite Art von Referenzprognose.

Von ›echten‹ Vorhersagen ist nun zu fordern, daß sie genauer sind als die jeweils beste Referenzprognose. Das Maß RV beschreibt dies in einer sehr universellen Weise, indem beide rmse-Werte ins Verhältnis gesetzt werden:

$$RV = (1 - (rmse_1/rmse_2)^2) \cdot 100 \qquad [\%]$$

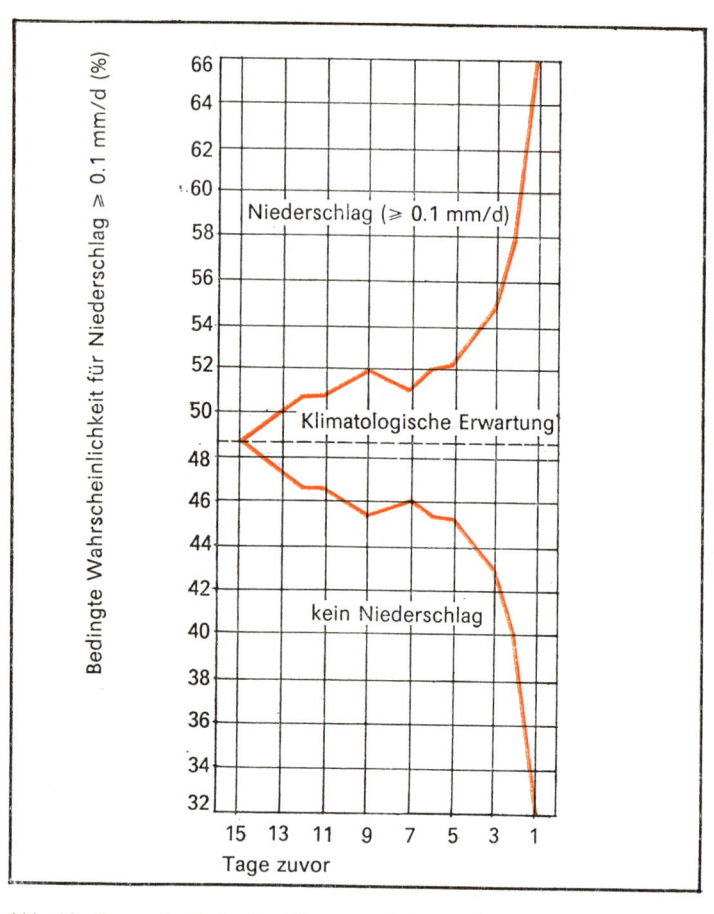

Abb. 46 So wechselhaft das Wetter auch ist – eine gewisse Erhaltungsneigung zeigt es trotzdem. Beim Ereignis »Merklicher Niederschlag in Potsdam innerhalb von 24 Stunden« reicht die Beharrungstendenz der Atmosphäre bis zu 2 Wochen zurück! Beispiel: Die mittlere Niederschlagsneigung beträgt 65 %, wenn es auch gestern geregnet hat, aber nur 33 %, wenn dies nicht der Fall war.

Der Index 1 meint in *diesem* Zusammenhang die ›echte‹, der Index 2 *die* Referenzprognose mit dem jeweils kleineren rmse-Wert. In der Regel sind Persistenzprognosen bis 2 Tage im voraus genauer als ›Klimaprognosen‹, danach ist es meist umgekehrt;

aber es gibt – wie immer – bemerkenswerte Ausnahmen von dieser Regel, so daß es fast immer geraten bleibt, beide Arten von Referenzprognosen aufzustellen und zu prüfen.

Ein RV≤0 signalisiert »Keine Prognoseleistung!«, ein RV = 100 % erzielen nur perfekte, ideale, völlig fehlerfreie Prognosen.

Wir kehren noch einmal zum Formulierungsbeispiel 1 zurück, das alle *die* Fälle charakterisiert, wo sowohl die Vorhersage VOR als auch die Wirklichkeit EIN nur zwei Möglichkeiten zuläßt: Ja oder Nein. Wir sprechen dabei von alternativen, binären oder zweiwertigen Aussagen bzw. Zuständen. Wenn wir nun die Bedeutung der Worte ›Nein‹ und ›Ja‹ in ›0‹ bzw. ›1‹ übersetzen, sind wir auch hier in der Lage, die vorhin erwähnten Standardfehlermaße maF, bias und rmse zu berechnen. Daraus erhellt schon, daß *sie* und nicht die weitverbreiteten Trefferprozente T geeigneter, weil universeller sind, die Genauigkeit bzw. Fehlerhaftigkeit unterschiedlich formulierter Prognosen zu beschreiben.

Wahrscheinlichkeiten sind genauer

Eine merkwürdige Behauptung! Was unterscheidet eigentlich Wahrscheinlichkeitsaussagen von den kategorischen Ja-Nein-Prognosen?

Wir bleiben bei der Vorhersage binärer Ereignisse E, die entweder auftreten oder ausbleiben. Lange Zeit dachte man – und die meisten Wetterdienste in der Welt verfahren heute noch immer so –, daß dann auch der Vorhersagetext nur aus zwei Werten bestehen könne oder müsse. Nicht zuletzt die Empfänger solcher Vorhersagen wünschen, ja fordern geradezu ein klares ›Nein‹ oder ›Ja‹ ohne Wenn und Aber. Wie bei allen Prognosen, so gibt es natürlich auch bei meteorologischen Vorhersagen sichere Neins und weniger sichere Neins. Denken Sie beispielsweise nur an Niederschlags-, Gewitter- oder Nebelvorhersagen. Die allen vertrauten Formulierungen: »im wesentlichen niederschlagsfrei«, »kaum Gewitter«, »stellenweise in den Morgenstunden Nebel« sind doch nichts anderes als sprachliche Ausdrücke, versuchte Umschreibungen für einen bestimmten Grad der Möglichkeit $p(E)$, daß E eintritt; wobei die unvollständige Sicherheit mit Zahlen zwischen $0 < p(E) < 1$ angegeben wird.

Meist beschreibt $p(E)$ die Wahrscheinlichkeit dafür, daß E = 1 eintritt. Ein $p(E) = 0$ (oder auch 0 %) bedeutet dann eine prognostizierte absolute Sicherheit, daß E = 1 *nicht* eintritt, $p(E) = 1$ (oder auch 100 %) das genaue Gegenteil.

Auch wenn manchem solche Wahrscheinlichkeitsangaben zunächst wenig vertraut sein mögen, so sollte man doch bedenken, daß es bei der Umsetzung von Vorhersagen, d. h. bei der Ableitung von Entscheidungen – »Der Regenschirm bleibt zu Hause!« oder »Die Entladearbeiten werden auf morgen verschoben!« –, weitaus leichter ist, zu verstehen, daß 40 % mehr sind als 20 %. Wer traut sich das schon ohne weiteres zu bei der Interpretation sprachlicher Ausdrücke? Da gibt's schon Mißverständnisse und Unklarheiten selbst bei den Vorhersagemeteorologen!

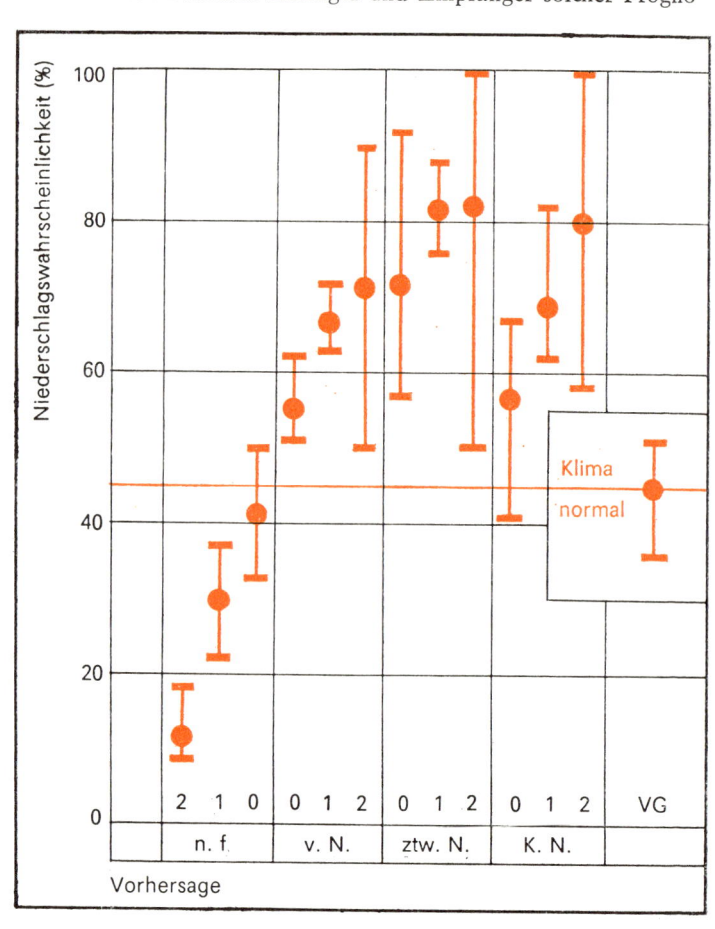

Daß bei Wahrscheinlichkeitsaussagen das Risiko von Informationsverlusten zwischen Erzeuger und Empfänger solcher Prognosen geringer ist als bei Verwendung sprachlicher Umschreibungen von unvollständiger Sicherheit, verstehen wir nun. Aber wieso können ›ungenaue‹ Angaben in Wahrscheinlichkeitsform auch genauer sein?

Ein Beispiel soll dies erläutern. Nehmen wir an, jemand benötigt eine Prognose darüber, ob es in den beiden Zeiträumen »heute« und »morgen« regnet. Die Wetterlage hinsichtlich zu erwartenden Niederschlags sei extrem unsicher, und der Meteorologe A verfüge nur über ein kategorisches, d. h. zweiwertiges Ja-Nein-Vokabular. Was sollte er vernünftigerweise jetzt tun? Am besten würfeln; es spielt ohnehin keine Rolle, ob er 0–0, 0–1, 1–0 oder 1–1 ausgibt. In jedem Fall – vorausgesetzt, die Wetterlage ist objektiv auch recht unsicher und einer der beiden Zeiträume möge trocken bleiben –, in jedem Fall also beträgt das Risiko 1 Fehler; $d_1 = 0$, $d_2 = 1$ oder umgekehrt. Daraus bestimmt sich rmse $= (1/2)^{1/2} = 0{,}71$.

Der Meteorologe B dagegen sei in der Lage, die vermutete objektive Wetterlagenunsicherheit auch in seiner Prognose auszudrücken. Er entschließt sich zweimal zu p(E) = 0,5 bzw. 50 %. Auch er begeht in der Summe 1 Fehler, der sich aber aus zwei ›kleineren‹ Fehlern zusammensetzt, nämlich $d_1 = d_2 = 0{,}5$. Mithin ist rmse $= ((0{,}25 + 0{,}25)/2)^{1/2} = 0{,}50$.

Dies alles mutet dem Leser vielleicht wie Zahlenspielerei an; doch wenn man übereinkommt, daß rmse ein vernünftiges Maß zur Beurteilung der Fehlerhaftigkeit von Prognosen darstellt, dann kommt man nicht umhin, solchen Aussageformulierungen

Abb. 47 *Erläuterungen*
VG   = Vertrauensgrad (2 = hoch, 1 = normal, 0 = gering)
n. f.   = niederschlagsfrei
v. N.   = vereinzelt bzw. geringer Niederschlag
ztw. N. = zeitweise, anhaltender bzw. starker Niederschlag
k. N.   = konvektiver Niederschlag in Form von Schauer oder Gewitter
Vor Einführung von Wahrscheinlichkeitsvorhersagen im Meteorologischen Dienst im Jahre 1977 wurde 7 Jahre lang getestet, ob die wirkliche Niederschlagsneigung vom subjektiven Vertrauensgrad des Meteorologen zu seiner Prognose abhängt. Dies ist tatsächlich der Fall (dicke Punkte). Die angegebenen Schwankungsbreiten ergeben sich aus unterschiedlichen Jahres- und Tageszeiten, Orten und Wetterdienststellen. Beispiel: Ist sich der Meteorologe sicher, daß es nicht regnen wird (n. f. mit VG = 2), trifft dies in 88 % (100–12) der Fälle zu. Ist er dagegen unsicher (VG = 0), steigt die prozentuale Häufigkeit für Niederschlag von 12 über 30 auf 42 %.

den Vorzug zu geben, die uns den stets wechselnden Grad der objektiven, uns nicht exakt bekannten Unsicherheit über das Eintreten bestimmter Ereignisse E möglichst adäquat zu beschreiben in der Lage sind. Kategorische Ja-Nein-Behauptungen vermögen dies nicht, da sie die ganze Bandbreite zwischen 0 und 1 auf 0 oder 1 reduzieren. Und welches Ereignis in der Zukunft kann denn schon absolut sicher erwartet bzw. ausgeschlossen werden? Das sind doch nur solche prognostisch völlig uninteressanten Selbstverständlichkeiten wie z. B. »Am 2. Juli im Berliner Raum keine geschlossene Schneedecke« oder »In den nächsten 10 Minuten kein Regen«, wenn der Himmel überall wolkenlos ist.

Man kann sogar sagen, das ganze Ziel der Prognosekunst besteht letztlich darin, in immer vollkommenerer Weise eine Übereinstimmung zwischen den subjektiv geschätzten und in der Natur objektiv existierenden p(E) zu erreichen. Da dieses Bemühen vom Fehlermaß maF nicht ›honoriert‹ wird, wie man sich leicht am letzten Beispiel klarmachen kann, wird auch bei der Beurteilung der Güte von Wahrscheinlichkeitsaussagen international dem rmse-Maß unbedingt der Vorzug gegeben. Wir wollen es auch so halten.

Wahrscheinlichkeiten helfen entscheiden

Bisher war immer von Prognosenprüfung die Rede, einer internen Bemühung der Meteorologen also, Klarheit über ihr prognostisches Können zu gewinnen. Dabei stehen auf dem Prüfstand einerseits Prognosen über Zukünftiges, andererseits Meßwerte über die realisierte Zukunft. Bei dieser Art Vergleich bleibt natürlich der letztlich entscheidende, pragmatische Aspekt in der Bewertung von Aussagen unberücksichtigt, nämlich: Was bewirkten die Prognosen? Welcher Nutzen war mit ihnen verbunden?

Um schon an dieser Stelle keine Illusion aufkommen zu lassen: Den gesellschaftlichen Nutzen der meteorologischen Prognosen oder allgemeiner: der meteorologischen Informationen schlechthin anzugeben gehört mit zu den schwierigsten wissenschaftlichen Problemen überhaupt, da zwei sehr große und komplexe Systeme – Atmosphäre und Gesellschaft – in quantitativer Weise miteinander verflochten werden müssen. Dies gelingt bisher allenfalls nur bei isolierter Betrachtung relativ einfacher Sachverhalte.

Wir wollen uns nun anhand eines äußerst simplen, dafür aber verständlichen praktischen Entscheidungsproblems bewußtmachen, daß nicht die uns bisher so vertraute kategorische Prognose, sondern nur Wahrscheinlichkeitsangaben in der Lage sind, *optimale* Entscheidungen zu treffen.

Das Optimalkriterium laute zum Beispiel: Halte die (finanziellen) Auswirkungen von *Fehl*entscheidungen so gering wie möglich! Welche sind das? Da wir der Einfachheit halber bei alternativen JA-NEIN-Ereignissen E bleiben wollen, die als unerwünschte Wettererscheinung irgendeine praktische Aufgabe erschweren, gibt es offensichtlich zwei verschiedene Arten möglicher Fehlentscheidungen: Entscheidung NEIN – Wirklichkeit JA und das Gegenteil: Entscheidung JA – in Wirklichkeit aber NEIN. Im ersten Fall wird man vom schädlichen Ereignis überrascht, ohne sich darauf vorbereitet zu haben. Es möge damit – im Mittel – ein Schaden S verbunden sein. Im zweiten Fall erwarten wir das Ereignis E und bereiten uns darauf vor, d. h., wir treffen Vorkehrungen, die die schädlichen Auswirkungen des unerwünschten Wetters verhindern oder mindern sollen; es mögen dabei, wiederum im Mittel, die Verhütungskosten V entstehen. Wie man sich leicht klarmachen kann, wird unter realistischen Bedingungen V immer kleiner sein als S und daher das uns im weiteren nur noch interessierende Verhältnis V/S < 1.

Nach diesen notwendigen Vorbemerkungen nun ein durchaus typisches Beispiel. In einem Betrieb seien nachts Entladearbeiten durchzuführen, bei denen es aber nicht regnen darf, weil damit ein durchschnittlicher Schaden S = 4 000 Mark verbunden ist. Andererseits sollen die Maßnahmen zur Abwehr dieses möglichen Schadens – z. B. Bau eines provisorischen Regenschutzes oder Aufschieben der Entladearbeiten auf die darauffolgende Nacht – nur V = 1 000 Mark betragen. V/S ist also 1 000/4 000 = 0,25. Der Betrieb wendet sich während des Zeitraums Oktober 1977 bis September 1979 insgesamt 465mal an eine Wetterdienststelle, um schon gegen Mittag eine Niederschlagsprognose für die kommende Nacht und den jeweiligen Entladeort anzufordern. Wir wollen dabei zwei verschiedene Situationen miteinander vergleichen.

Zwei Strategien

Fall 1: Der Betrieb kann mit prognostischen Wahrscheinlichkeitsangaben nichts anfangen und fordert daher vom Meteorologen eine klare Entscheidung, ob es nun regnen werde oder nicht. Der Meteorologe kennt nun aber selbstverständlich nicht das ganz spezielle Risiko seines Kunden, das sich eben im V/S-Verhältnis quantitativ ausdrückt. Die eigentliche Aufgabe des Meteorologen besteht ja in der Regel auch ›nur‹ darin, die benötigte meteorologische Information in bestmöglicher Weise zu erzeugen und an den Mann zu bringen. Die *Final*entscheidung, die ja oft auch nichtmeteorologische Argumente zu berücksichtigen hat, darf einfach nicht an den Meteorologen delegiert werden.

Was tut also unser Meteorologe vom Dienst? Er wird sehr wahrscheinlich NEIN prognostizieren, wenn er annimmt, daß E nur mit $0 \ldots 50\,\%$ Sicherheit eintreffen wird, und JA, wenn dies mit $p(E) = 51 \ldots 100\,\%$ erwartet wird. Das Resultat:

	Wirklich eingetroffen Niederschlag		Summe
Prognostisch erwartet wird	n e i n	j a	
NEIN	218	79	297
JA	37	131	168
Summe	255	210	465

297mal erhielt der Betrieb die Prognose NEIN, 218mal traf sie auch zu, 79mal aber nicht, d. h., es regnete doch. Der dadurch verursachte Teilschaden entspricht Kosten von $79 \times 4\,000 = 316$ TM (TM = 1 000 Mark). Andererseits wurde das Unternehmen 168mal vor Regen gewarnt, was zu Aufwendungen von $168 \times 1\,000 = 168$ TM Verhütungskosten führte. (Wir wollen hier nicht unterscheiden in vermeidbare (37 TM) und unvermeidliche (131 TM) Verhütungskosten.) Die Gesamtkosten belaufen sich also auf 484 TM.

Einem findigen Buchhalter wird sofort auffallen, daß die Schadenssumme um 19 TM höher ausfiel, als wenn man *keine* Wettervorhersage bezogen hätte und statt dessen stets, d. h. 465mal, Verhütungskosten à 1 000 Mark eingesetzt hätte! Als der Direktor davon erfährt, steht sein Urteil fest: »Die Wettervorhersage taugt nichts. Die Meteorologen haben uns falsch beraten, und dafür haben wir sogar noch gezahlt!« Aber er wundert sich doch, wieso unterm Strich kein Nutzen für ihn zu erkennen ist, wo doch die Prognosentreffer $(218 + 131)/465 = 75\,\%$ betragen.

Fall 2: Der Betrieb wünscht und erhält die Prognosen in Wahrscheinlichkeitsform, also in Zahlenwerten zwischen 0 und 100 %. Der Betrieb steht aber nun vor dem Problem, unter Beachtung seines wirtschaftlichen Risikos V/S einen kritischen Wahrscheinlichkeitswert festzulegen, unterhalb dessen er sich für NEIN entschließt und umgekehrt. Erfreulicherweise kann man ihm schnell zeigen, daß er sich am vernünftigsten verhält, d. h. dann und nur dann eine optimale Entscheidung trifft, wenn dieser *kritische Wert genau seinem V/S-Risiko entspricht*; hier also

$$p(E)_{krit} = \frac{V}{S} = 25\,\%$$

Das Ergebnis:

	Wirklich eingetroffen Niederschlag		
Prognostisch erwartet wird bei	nein	ja	Summe
p < V/S → NEIN	125	15	140
p ≥ V/S → JA	130	195	325

Gesamtkosten: 15 · 4 000 + 325 · 1 000 = 385 TM. Wir erkennen:
Allein durch eine optimale und nutzerspezifische Verwendung der Wahrscheinlichkeitsprognosen lassen sich hier 484 – 385 = 99 TM an Kosten, das sind 20 %, einsparen, ohne daß sich an der internen, eigentlichen, wissenschaftlichen Güte der Niederschlagsvorhersage irgend etwas geändert hat!
Und der Buchhalter im Fall 2 wundert sich nun auch nicht darüber, daß er diesmal ein wesentlich günstigeres Betriebsergebnis erzielte, obwohl die Prognosen*treffer* schlechter ausfielen als im Fall 1. Sie erreichten nämlich nur (125 + 195)/465 = 69 %. Er weiß: Genauigkeit – Leistung – Nutzen sind drei unter Umständen sehr widersprüchliche Seiten ein und derselben Sache – der Beurteilung von Aussagen.
Natürlich ergeben sich bei veränderten V/S-Werten und anderen meteorologischen Ereignissen unterschiedliche Nutzeffekte meteorologischer Informationen, die ja neben Prognosen im oben erwähnten Sinne auch alle anderen, z. B. klimatologische Angaben in Wahrscheinlichkeitsform, umfassen. Das Prinzip aber ist wohl klar zu erkennen: Erst die zahlenmäßige Kenntnis des meteorologischen *und* wirtschaftlichen Risikos verhilft zu optimalen, d. h. vernünftigen Entscheidungen unter Ungewißheit.
Leider hat sich das bis jetzt – auch international – noch nicht so recht bei den Beziehern meteorologischer Informationen herumgesprochen, wenngleich das meteorologische Angebot und die *nicht*optimale Nutzung von Wahrscheinlichkeitsprognosen sichtlich zugenommen haben.

Epilog oder Was am Ende zählt

Unsere Exkursion zu den grundsätzlichen und alltäglichen praktischen Problemen einer jeden (Wetter-) Vorhersage neigt sich ihrem Ende zu.

Sie machte uns im ersten Kapitel vertraut mit der stürmischen Entwicklung der Bedürfnisse nach Vorhersagen und der Ideen, diese zu verwirklichen. Wir registrierten Erfolge und Enttäuschungen auf dem anhaltend steinigen Weg der Erkenntnis, der eigentlich nur *ein* Ziel kennt: wissen, um vorherzuwissen. Denn das Handeln, um Unerwünschtem entgegenzutreten und Wünschbares anzustreben – ein Credo, dem vor allem die Wissenschaften verpflichtet sind, die sich dem organischen Leben in all seiner Vielfalt widmen –, diese Art Handeln ist anderen Wissenschaften, wie der Geophysik oder Astronomie, weitgehend oder gar völlig verwehrt.

Viele Barrieren, die sich allzu rascher Erkenntnis des Wahren gemeinhin in den Weg stellen, konnten überwunden werden. Einige blieben trotz heftiger Mühen unbezwungen; man ging an ihnen vorbei, einen anderen Ausweg suchend. Jedoch: Die Zahl der Physiker und Biologen, der Mathematiker und Philosophen, die überzeugt davon sind, daß ein Teil der bestehenden Grenzen sich als prinzipiell nicht überwindbar erweisen wird, ist im Anwachsen begriffen. Und nicht Resignation ist's, die sie dazu führt, sondern eine immer tiefere Einsicht in die Widersprüchlichkeit der Naturgesetze. Darum vor allem ging es im zweiten Kapitel, wobei viele Gedanken und Tatsachen weit über das meteorologische Aufgabengebiet hinausweisen und eigentlich bei allen Prozessen in Natur und Gesellschaft eine Rolle spielen.

Wie sich die dialektische Natur der Gesetze am Gegenstand der Meteorologie, an den Notwendigkeiten und Zufällen atmosphärischer Bewegungen und der Vorhersage von Wetter und

Klima, widerspiegelt, zeigte uns das dritte Kapitel, das auf praktische Probleme und Erfolge der operativen, sich täglich und weltweit immer wieder neu bewährenden Wettervorhersage genauso einging wie auf jene ganz aktuellen Überlegungen darüber, sogar die Güte der Vorhersagen vorherzusagen.

Von den überraschenden Schwierigkeiten, die Prognosengüte zu bestimmen und zu bewerten, handelte schließlich das vierte Kapitel, an dessen Ende sogar noch ein Abstecher in das Gebiet optimaler Entscheidungsfindungen in unsicheren, (auch) meteorologisch beeinflußten Situationen gewagt wurde.

Vier Abbildungen sollen nun unseren Exkurs beschließen. Doch zuvor noch ein allgemeines Resümee zum gegenwärtigen Stand der veröffentlichten Wettervorhersage: Was kann sie? Was kann sie noch nicht? Wo wurden die größten Fortschritte erzielt? Was läßt sich verallgemeinern?

1/ Mit zunehmender zeitlicher *Vorhersagedistanz* nehmen im Mittel die Prognosengenauigkeit und -leistung in ziemlich genau angebbarer Weise gesetzmäßig ab. Vergleiche hierzu etwa die folgende Abbildung. Die Ergänzung »im Mittel« besagt, daß auch einmal eine morgens ausgegebene Wettervorhersage für den Folgetag genauer sein kann als die erst abends erarbeitete oder daß die atmosphärischen Zirkulationsverhältnisse über Mitteleuropa für den 20. bis 30. Folgetag besser erfaßt wurden als für die 2. Folgedekade.

2/ Die Vorhersagegenauigkeit und -leistung verringern sich ebenfalls systematisch, aber in noch nicht vollständig bekannter Weise mit zunehmendem zeitlichem oder/und räumlichem *Detaillierungsgrad;* d. h., *allgemeine* Warnungen vor gefahrdrohenden meteorologischen Erscheinungen, wie starker Nebel, Gewitter, Sturmböen, Glatteis, Platzregen usw., sind für größere Gebiete und Zeitspannen schon recht erfolgreich. Aber es sind kaum Warnungen mit einer Vorwarnzeit von mehr als 1 bis 2 Stunden möglich für einen bestimmten Ort und Zeitpunkt, sagen wir für morgen 8 Uhr und das Olympiastadion in N.

3/ Es gibt ein ganzes *Spektrum* meteorologischer Phänomene, die sich in der räumlichen Erstreckung und ›Lebensdauer‹ außerordentlich unterscheiden. Es reicht – in für uns interessanten Dimensionen – von Sekunden und Metern (Windhosen und Staubteufel) über Stunden und 10 km (z. B. Wolkenbruch), mehrere Tage und mehrere 1 000 km (z. B. ein Kaltlufteinbruch in West- und Mitteleuropa) bis hin zu Monaten und großen Teilen der Nordhalbkugel (z. B. Witterungsanomalien, wie kalte Winter oder trockene Sommer). Dabei gilt im allgemeinen, daß ein Phänomen

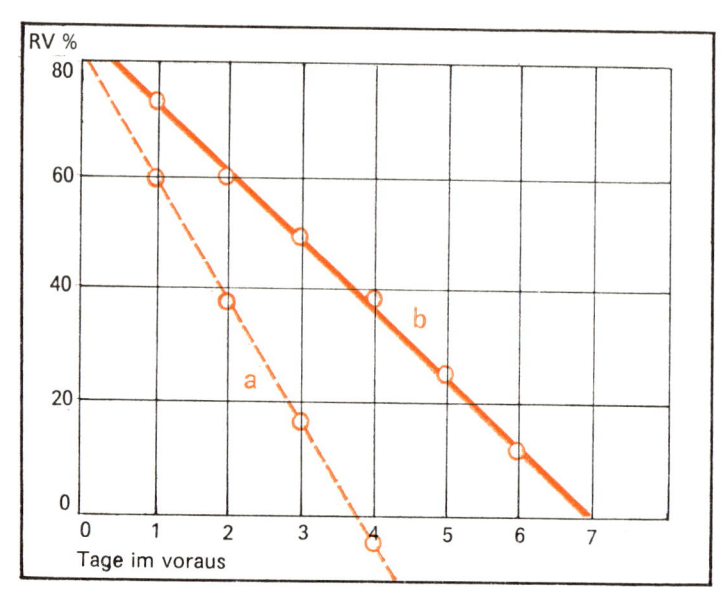

Abb. 48 Die Abhängigkeit der Prognosegüte (RV) von der zeitlichen Vorhersagedistanz (Tage im voraus). Hier Tageshöchsttemperatur in Potsdam a) Oktober 1970 bis September 1974 b) April 1983 bis März 1987
Während dieser 12,5 Jahre verbesserte sich vor allem die Treffsicherheit der *mittel*fristigen Vorhersagen, so daß die reale Grenze der Vorhersagbarkeit (RV = 0) von 3,7 auf 7,0 Tage erweitert werden konnte.

um so länger existiert, je großräumiger seine Ausdehnung ist. Außerdem finden wir, daß die gegenwärtige Vorhersagbarkeit meteorologischer Phänomene eng mit ihrer ›Lebensdauer‹ verbunden ist und eher darunterliegt.
4/ Diese Regel gilt aber noch nicht bei den zuletzt angeführten Witterungsanomalien, die vorherzusagen Aufgabe der *Langfristprognose* ist. Ungeachtet gewisser Verbesserungen an durchweg statistischen Vorhersageverfahren konnte die Güte langfristiger Wetterprognosen, sagen wir 2, 3 Dekaden oder gar Monate im voraus, kaum gesteigert werden, und sie ist nach wie vor nicht überzeugend nachweisbar. Nach Ansicht der Experten in den meteorologischen Welt- und Regionalzentren wird ein wirklicher Durchbruch erst dann zu erzielen sein, wenn dieselbe Strategie, die bei den Mittelfristprognosen (2 bis 10 Tage im voraus) so erfolgreich war, auch bei diesem herausfordernden Problem glo-

balen Ausmaßes beschritten und durchgehalten werden kann, nämlich hydrodynamische Modellierung plus nachfolgende statistische Interpretation.

5/ Die größten und überzeugendsten Fortschritte in den letzten 15 Jahren wurden bei den *mittelfristigen* Wettervorhersagen erzielt. Die wirklich spürbare Erhöhung der Güte gründet vor allem auf folgendem:

– Fortschritte in der mathematisch-physikalischen Modellierung globaler atmosphärischer Prozesse
– entscheidende Verbesserungen in der Meßdatengewinnung (Wettersatelliten!), im weltweiten Datenaustausch und in der Datenverarbeitung (Supercomputer)
– Anwendung automatischer Verfahren der statistischen Transformation von Vorhersagekarten in interessierendes Wetter vor Ort.

Alle diese Fortschritte trugen zur weiteren raschen Entwicklung der meteorologischen Wissenschaft bei, und nach wie vor stellt die genauere Vorhersage *den* Prüfstein vermehrten Wissens und Könnens dar, auch und gerade in der Meteorologie.

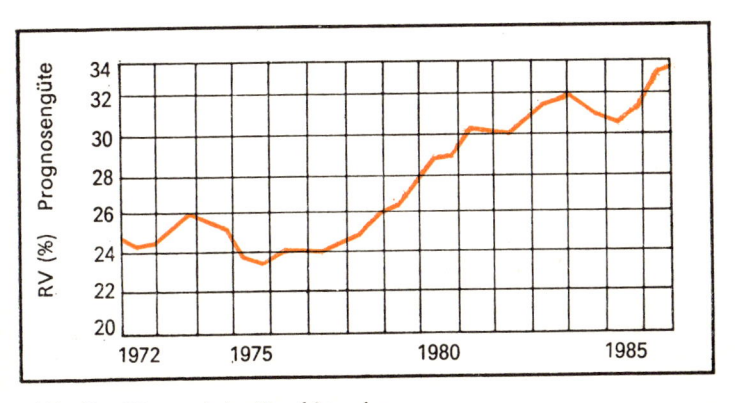

Abb. 49 Gütetrend der Kurzfristvorhersage
Die Kurve wurde ausgeglichen (2-Jahres-Mittel) und repräsentiert 5 verschiedene Wetterdienststellen in der DDR, sowie folgende 6 meteorologische Standardelemente: Tiefste und höchste Tagestemperatur, Niederschlag, Sonnenscheindauer, Windrichtung und -geschwindigkeit.
Als Referenzvorhersage zur Ableitung der Vorhersageleistung RV diente die Erhaltungsneigung (»Morgen so wie heute!«).
In der zweiten Hälfte der 70er Jahre setzt unverkennbar ein merklicher Aufschwung ein. Es gibt aber auch unvermeidlich scheinende Phasen der Stagnation (1981; 1984/85), deren Ursachen noch unklar sind.

a) Abweichung vom mittleren Fehler (%)

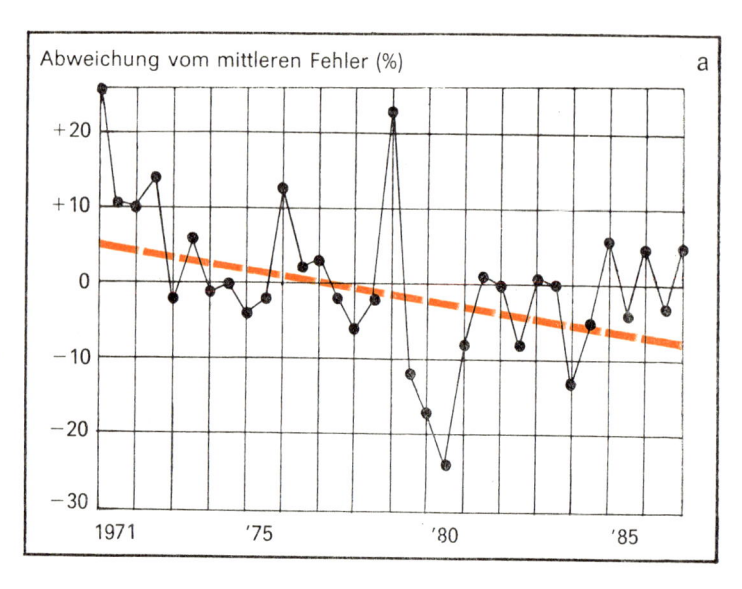

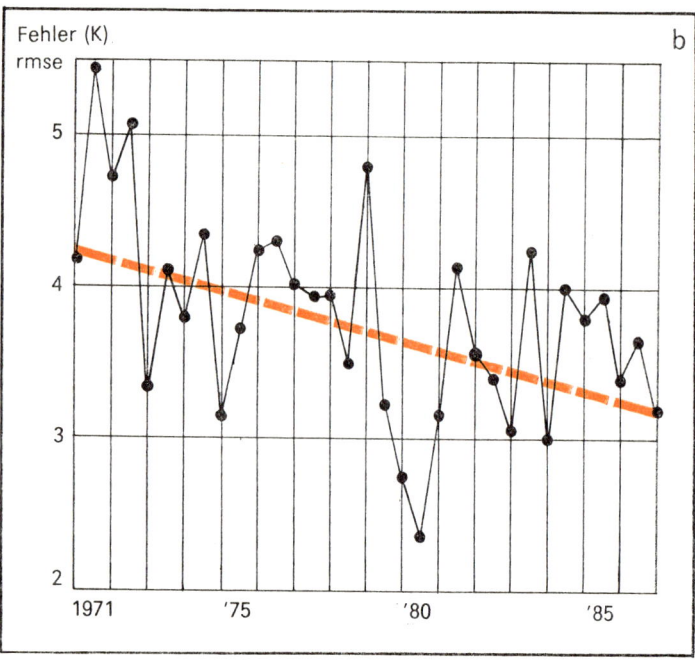

b) Fehler (K) rmse

Aufschlußreich ist auch bei der Kurzfristvorhersage (hier: Frühprognosen für Potsdam und Leipzig) die berechnete Verringerung der Fehlervarianz (= rmse^2) im Zeitraum von 1970 bis 1985.

	RV (%)
Maximumtemperatur heute/morgen	16/43
Minimumtemperatur kommende/übernächste Nacht	17/24
12stündige Niederschlagsmenge heute/morgen (tags)	2/ 4
12stündige Niederschlagsmenge kommende/übernächste Nacht	10/ 8
Sonnenscheindauer heute/morgen	1/22
Windrichtung heute/morgen	23/40
Windgeschwindigkeit heute/morgen	6/10

Deutlich sind die geringeren Fortschritte im kürzeren Vorhersagebereich und bei ›Problemelementen‹ wie dem Niederschlag zu erkennen. Die Ursachen dieses Defizits sind hauptsächlich darin zu suchen, daß der ungeheure Aufwand an Meßdatengewinnung und -verarbeitung beim operativen (!) Betreiben von hydrodynamischen Modellen im Mesomaßstab bis jetzt noch nicht so recht bewältigt werden konnte. Aber eine Wende scheint bevorzustehen. Wie man überhaupt bemerken kann, daß gegenwärtig vor allem an den beiden ›Enden‹ der bisher vertrauten Kurz- und Mittelfristvorhersage – also an der Kürzestfristvorhersage (0 bis +12 Stunden) auf der einen und der Langfristvorhersage (über 10 Tage hinaus) auf der anderen Seite – besonders intensiv geforscht, experimentiert... und erwartet wird. Dies trifft auch auf meteorologische Ereignisse und Phänomene außerhalb des Normalen

Abb. 50 Fehlertrend mittelfristiger Wettervorhersagen für Potsdam zwischen 1970 und 1987
Je Element (Minimum- und Maximumtemperatur, Niederschlag, Sonnenscheindauer für den 4. Folgetag) und Halbjahr wurde die Abweichung des Fehlers rmse von seinem Mittelwert bestimmt und die durchschnittliche Anomalie der Fehler für alle 4 Wetterelemente dargestllt (a). Man erkennt sehr große Güteschwankungen (± 25 %), deren Ursachen im ständig wechselnden vorherrschenden Witterungstyp zu suchen sind. Dennoch ist eine allgemeine Abnahme der Fehlerhaftigkeit unverkennbar, auch wenn sie sehr unterschiedlich erfolgte:

	Reduktion der Fehlervarianz in 15 Jahren um
Maximumtemperatur	41 % (s. Abb. b)
Minimumtemperatur	25 %
Sonnenscheindauer	9 %
Niederschlag	8 %

zu, wie extreme, gefährliche, seltene Ereignisse: Temperatursturz um mindestens 10 K, Niederschlagsmengen von mehr als 20 mm/d, Windspitzen über 25 m/s = 90 km/h, extreme Trockenheit, dichter Nebel, überraschendes Glatteis – alles Ereignisse von großer gesellschaftlicher Relevanz ... und sehr geringer Prognosengüte!

Auch dieser unbefriedigende Widerspruch treibt die Meteorologen dazu, den Fragen und Problemen der *prinzipiellen* Vorhersagbarkeit und Nichtvorhersagbarkeit größere Aufmerksamkeit zu schenken. Seit langem wissen wir, daß Seltenes in der Regel schwieriger vorherzusagen ist als Normales und daß die Vorhersagegüte bei meteorologischen Elementen und in Zeiten hoher Veränderlichkeit deutlich geringer ist als bei hoher Erhaltungsneigung des Bestehenden – eine Erfahrung von offenbar großer Allgemeingültigkeit, wie uns Prognosen in ökonomischen, militärischen, finanziellen oder sozialen Kategorien immer wieder lehren.

Diese und andere Erfahrungen werden in der Meteorologie mit der These zusammengefaßt, daß die zeitliche Grenze der *prinzipiellen* Vorhersagbarkeit eng mit der sog. Korrelationszeit der vorherzusagenden Größe zusammenhängt und aus ihr bestimmt werden kann. Gegenwärtig wird untersucht, ob es zutrifft, daß genau diese Korrelationszeit die gesuchte objektive Grenze markiert.

Was ist die Korrelationszeit? Sie stellt die Zeitspanne dar, nach der erstmals der Zustand irgendeines meteorologischen Elements völlig unabhängig ist vom Ausgangszustand zu Beginn der Zeitspanne, d. h., dem Wechsel von einem zum anderen Zustand innerhalb einer bestimmten Zeitspanne sind je nach dem atmosphärischen Merkmal (Element) ganz unterschiedliche Grenzen gesetzt. Oder anders: Die Atmosphäre kann sich von heute auf morgen nicht beliebig ändern, sie zeigt eine bestimmte Bereitschaft zur Andauer des Bestehenden. Diese ›Neigung‹ läßt sich mit einer Zahl zwischen 0 und 1 beschreiben. Wie sie beispielsweise für die tägliche Höchsttemperatur (in Potsdam) während des Sommerhalbjahres beschaffen ist, zeigt unsere letzte Abbildung.

Für das *Winter*halbjahr ergaben sich bei der Tageshöchsttemperatur die Werte $t = 8{,}7$ und $T = 16{,}0$ Tage. Obwohl also bis zum 8./9. Folgetag eine positive Vorhersageleistung nachweisbar ist, beträgt die hochinteressante Invariante v auch nur 54 %, da die Korrelationszeit T und damit die Erhaltungsneigung im Winter deutlich größer sind als im Sommer.

Es wird deutlich: Das reale Ziel zukünftiger Anstrengungen der Meteorologie kann nicht darauf gerichtet sein, der Utopie $t = \infty$ nachzujagen, sondern schrittweise das t dem T anzunähern,

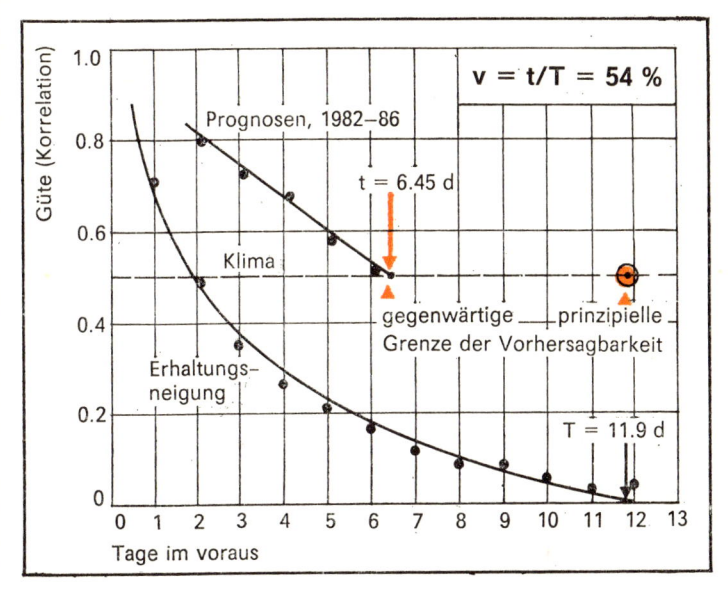

Abb. 51 Ein recht anschauliches Maß der meteorologischen Prognoseleistung stellt die zeitliche Distanz t dar, bis zu der die Vorhersagen genauer sind als die bestmöglichen Referenzvorhersagen (hier Klima mit konstantem Gütewert = 0,5). Diese Distanz t betrug in den 5 Sommerhalbjahren 1982–86 für die tägliche Höchsttemperatur in Potsdam 6,45 Tage. Aus dem Verlauf der Kurve »Erhaltungsneigung« (= Güte von Persistenzvorhersagen: »Keine Änderung«) ergibt sich eine maximal mögliche Vorhersagbarkeit von T = 11,9 Tagen im voraus, so daß bisher t/T = 6,45/11,9 = 54 % des objektiv Erreichbaren geschafft wurden.

besonders dort, wo das Verhältnis v noch besonders ungünstig ausfällt *und* eine gesellschaftliche Nachfrage besteht.

Goethes Wort, »das Erforschliche zu erforschen und das Unerforschliche ruhig zu verehren«, enthält für uns zugleich die Verpflichtung, mehr Sicherheit im Wissen darüber zu erlangen, was erforschlich ist ... und was nicht, denn nur »wer das Gesetz verkennt, verzweifelt an der Erfahrung«. Ist es Zufall zu nennen, wenn wir diesen tröstlichen und zugleich warnenden Gedanken Goethes in seinem 1825 unternommenem »Versuch einer Witterungslehre« finden?

Literatur

Zuallererst ist an *Schmauß* zu erinnern; für den Autor übrigens der entscheidende Antrieb zum Werden des hier vorliegenden Büchleins. Ein eher praktisch denn theoretisch tätiger Meteorologe legte vor mehr als zwei Generationen in einfachen Worten, voller Lebens- und Berufserfahrung, das Wesen des Problems der Wettervorhersage offen. Noch heute, im Lichte beträchtlich erweiterten Wissens, faszinieren seine Gedanken zum Grundsätzlichen.

Wer anhand zahlreicher historischer Literaturquellen und eines exzellenten Bildmaterials den Weg vom Wetteraberglauben zur meteorologischen Wissenschaft nachvollziehen will, greife zu *Körber*.

Aus klassisch-deterministischer Sicht, erfahren in modernen Methoden der mathematischen Modellierung atmosphärischer Prozesse, führen *Reuter* und *Pichler* in die Theorie und Praxis der dynamischen Wettervorhersage ein.

In die so ganz andere Gedankenwelt der Stochastik vermag uns *Rényi* auf anregend unterhaltsame Weise zu geleiten, während die drei letzten Literaturangaben all jenen zum Studium empfohlen seien, die einigen philosophischen Aufschluß über die Probleme Notwendigkeit, Gesetz und Zufall, dialektischer Determinismus und Grenzen der Vorherbestimmtheit erfahren wollen.

Schmauß, August: Das Problem der Wettervorhersage. Leipzig: Akademische Verlagsanstalt, 5. Auflage 1945

Körber, Hans-Günter: Vom Wetteraberglauben zur Wetterforschung. Leipzig: Edition 1987

Reuter, Heinz: Die Wettervorhersage. Einführung in die Theorie und Praxis. Wien/New York: Springer Verlag 1976

Pichler, Helmut: Dynamik der Atmosphäre. Mannheim/Wien/Zürich: Bibliographisches Institut 1984

Rényi, Alfred: Briefe über die Wahrscheinlichkeit. Berlin: Deutscher Verlag der Wissenschaften 1972

Hörz, Herbert: Der dialektische Determinismus in Natur und Gesellschaft. Berlin: Deutscher Verlag der Wissenschaften 1971

Griechische Atomisten: Texte und Kommentare zum materialistischen Denken der Antike. Leipzig: Verlag Philipp Reclam jun. 1973

Eigen, Manfred, und Ruth Winkler: Das Spiel. Naturgesetze steuern den Zufall. München/Zürich: R. Piper & Co. Verlag 1975